Ç! CURIEUX!

100 FAKE NEWS VON DER WISSENSCHAFT WIDERLEGT

GOLDMANN

Buch

»Der Klimawandel lässt sich nicht aufhalten!«, »Wir nutzen nur zehn Prozent unseres Gehirns«, »Bald lebt die Menschheit auf dem Mars!«.

Solche Aussagen sind überall zu hören – im Informationszeitalter, in dem wir uns befinden, prasseln Fakten, Halbwahrheiten, Fake News und Meinungen ungefiltert auf uns ein. Das französische Kollektiv curieux! entlarvt Verschwörungstheorien und Fake News, wartet mit Erklärungen, Überraschungen und ganz praktischen Ideen auf, wie wir wieder den Überblick über die Informationsflut bekommen. So werden 100 Fake News entlarvt und widerlegt und wir gehen nie wieder ahnungslos in eine Diskussion.

Autor:innen

Curieux! ist ein französisches Kollektiv, das Fake News und Halbwissen entkräftet. Unterstützt von vier regionalen Wissenschaftszentren informiert die Website curieux.live über ihren Newsletter mehr als 650 000 Menschen.

Als Autor:innen sind Alexandre Marsat, Chefredakteur von curieux!, Alexandrine Civard-Racinais und Florence Heimburger verantwortlich.

Ç! CURIEUX!

100 FAKE NEWS VON DER WISSENSCHAFT WIDERLEGT

Von Klimalügen, Ernährungsmythen und anderen Arten des gefährlichen Halbwissens

Aus dem Französischen
von Nadine Lipp

Mit Illustrationen von Clémence Gouy

GOLDMANN

Die französische Originalausgabe erschien 2021 unter dem Titel
»100 Fake News face à la Science« bei Éditions First, Paris.

FSC
www.fsc.org
MIX
Papier | Fördert gute Waldnutzung
FSC® C004378

Penguin Random House Verlagsgruppe FSC® N001967

1. Auflage
Deutsche Erstausgabe November 2023

Illustrationen: Clémence Gouy, © iStock S. 12, 18, 21, 24, 31, 37, 40, 43, 45, 53, 58, 62, 65, 68, 71, 77, 79, 82, 103, 106, 109, 121, 125, 132, 141, 145, 149, 162, 165, 169, 176, 178, 179, 182, 186, 191, 195, 198, 201, 202, 211, 220, 223, 228, 239, 241, 244, 254, 258, 261, 263, 269, 279, 281, 286, 305, 309, 311
Umschlag: Uno Werbeagentur, München
Umschlagmotiv: Clémence Gouy
Redaktion: Ariane Novel
Satz: Uhl + Massopust, Aalen
Druck und Bindung: pbtisk, a.s., Pribam
Printed in Czech Republic
GS · CB
ISBN 978-3-442-14295-8

INHALT

GESUNDHEIT 239

SEXUALITÄT 279

VORWORT

Frauen sind schlecht in Mathe, Spinnen beißen, Sex ist nur dann gut, wenn er lange dauert - solche und andere Verallgemeinerungen, halb gare Annahmen und Fake News kursieren gern in unserer kollektiven Vorstellungswelt. Sie sind zum Teil so fest verankert, dass wir ihnen allzu leicht Glauben schenken könnten. Und auch wir, die Wissenschaftsjournalist:innen Florence Heimburger, Alexandre Marsat, Alexandrine Civard-Racinais sowie die Illustratorin Clémence Gouy, müssen zugeben, einige dieser Behauptungen geglaubt zu haben, bevor wir dieses Buch geschrieben und illustriert haben. Sie sind omnipräsent, wurden auch noch reichlich mit Theorien unterfüttert, um sie glaubwürdiger zu machen und mit individuellen Erfahrungen ausgeschmückt, die ihre Richtigkeit beweisen sollen. Dabei sind sie aber alle durchweg falsch.

In diesem Buch stützen wir uns ausschließlich auf Fakten und den wissenschaftlichen Konsens. Wir haben nacheinander 100 Fake News widerlegt, doch leider gibt es noch sehr viel mehr. Wir haben uns entschieden, die wichtigsten zu überprüfen, jene, die am häufigsten vorkommen und am gefährlichsten sind. Denn es ist nie harmlos, wissenschaftliche Beweise zu ignorieren, um halb gares oder schlicht falsches Wissen zu propagieren und zu unterstützen. Indem wir unseren kritischen Geist schulen und uns informieren, können wir jedoch dagegenhalten.

Das Kollektiv curieux.live, das dieses Buch geschrieben hat, hat sich diese Aufgabe zum Ziel gemacht. *Curieux!* sieht sich in der Pflicht, täglich gegen Fake News, Desinformation und vorgefasste Meinungen zu kämpfen, indem es Artikel, Comics und Videos auf seiner Website und auf Social-Media-Plattformen veröffentlicht. Dieses Buch soll das Denken und die Diskussion anregen, ohne persönliche Meinungen zu verurteilen. Wir wollen dabei locker und humorvoll vorgehen, manchmal auch unkonventionell, aber immer mit einem ernsthaften wissenschaftlichen Interesse am Thema. Auf geht's! Bleiben Sie neugierig!

Alexandre Marsat, Chefredakteur von *Curieux!*

ERNÄHRUNG

1

EIN GLAS WEIN AM TAG IST GESUND

Wir alle kennen jemanden, der ein besonders hohes Alter erreicht hat und sich bester Gesundheit erfreut. Sein angebliches Geheimnis: täglich ein Glas Wein! Kann das stimmen?

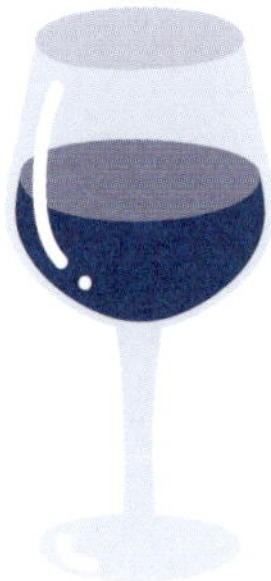

Vielen gilt diese Annahme als eine Lebensweisheit. Als Beispiele werden die 100-jährige Oma oder der betagte Großonkel genannt, die täglich ein Glas Wein getrunken haben. Manch einer pariert dann damit, dass diese Oma auch täglich Wasser getrunken, die Zeitung gelesen und ihre amerikanische Seifenoper geguckt hat.

Aber schauen wir uns das genauer an, wir wollen ja keine Legende festigen, ohne uns damit auseinandergesetzt zu haben.

Ein französisches Paradox, das zu paradox ist

Jede Generation kennt die Präventionskampagnen zum Alkoholkonsum. Aber dieses französische Paradox hat nicht nur die französischen Gastronomen, sondern auch die größten Skeptiker überzeugt: Es heißt, dass die Franzosen, trotz einer ähnlichen Lebensweise wie die Briten - mit einem ähnlichen Verzehr von tierischen Fetten -, weniger Herzprobleme hätten als ihre Nachbarn - dem Wein sei Dank!

Serge Renaud und Michel de Lorgeril haben dieses französische Paradox 1992 theoretisch untermauert. Die Ergebnisse ihrer Forschungen, die in der berühmten Fachzeitschrift *The Lancet* veröffentlicht wurden, zeigten, dass der Weinkonsum Herz-Kreislauf-Erkrankungen um 40 Prozent reduzieren könne.

Schon damals wurden jedoch Stimmen laut, dass sich dieser Unterschied eher durch den geringeren Anteil der Transfette in ihrer Ernährung erklären lasse.

Auch wenn das französische Paradox heute noch oft als Argument für die Vorteile des Weins herangezogen wird, sind viele Wissenschaftler:innen entsetzt, dass der Alkoholkonsum derart banalisiert wird.

Krebs und Herz-Kreislauf-Erkrankungen

Auch wenn wir nicht mehr durchschnittlich rund einen Liter Alkohol am Tag trinken wie im letzten Jahrhundert, hat ein regelmäßiger Alkoholkonsum langfristig schädliche Auswirkungen auf die Gesundheit: Das Risiko von Herz-Kreislauf-Erkrankungen, Bluthochdruck, Hirnblutungen und anderen Erkrankungen ist erhöht. Ärzt:innen haben sieben Krebsarten identifiziert, die »nachweislich mit einem Alkoholkonsum ab einem Glas pro Tag in Verbindung stehen«[1]: Mund- und Rachenkrebs (Kehlkopf, Rachen), Speiseröhrenkrebs, Leberkrebs, Dickdarm- und Enddarmkrebs sowie Brustkrebs.

Die Aussichten sind düster und das französische Paradox hat ausgedient. Der einzige Vorteil von Trauben – und somit auch von Wein – ist, dass sie Polyphenole und insbesondere Resveratrol enthalten, das reich an Antioxidantien ist.

Der Schlüssel liegt in der Mäßigung: »Mehr als zwei Gläser Wein pro Tag sollten es nicht sein und das nicht jeden Tag.« Kurz: Genießen Sie guten Wein, aber übertreiben Sie es nicht!

Alexandre Marsat

2

AUF KAFFEE SOLLTE MAN LIEBER VERZICHTEN

Für die einen hat Kaffee einen schlechten Ruf, für die anderen viele Vorteile. Wer hat recht?

Um die Kaffee-Aficionados nicht zu verärgern, beginnen wir mit seinen Vorteilen. Ein Forschungsteam der University of Southampton hat eine sogenannte Metaanalyse durchgeführt, in der 200 Studien zu diesem Thema zusammengestellt und interpretiert wurden. Infolgedessen wird eine Dosis von bis zu vier Tassen Kaffee pro Tag empfohlen. Warum? Bis zu 400 Milligramm Koffein pro Tag senken deutlich das Risiko, an bestimmten Krebsarten, Diabetes, neurologischen Störungen und Leberproblemen zu erkranken. Andere Studien weisen auch auf die Reduzierung von Herz-Kreislauf-Erkrankungen oder die Eindämmung von neurodegenerativen Erkrankungen (Alzheimer und Parkinson) hin.

Kaffee blockiert Glukose und Schlafhormone

Im Fall von Diabetes ist eine Erhöhung der Kaffeedosis sogar vorteilhaft: Bei vier bis sechs Tassen pro Tag sinkt das Risiko, an Typ-2-Diabetes zu erkranken, um 30 bis 50 Prozent. Die

Chlorogensäure im Kaffee stoppt angeblich die Freisetzung von Glukose im Blut. Da diese Säure nicht im Koffein enthalten ist, können wir also auch auf koffeinfreien Kaffee umsteigen ... Aber was sagen die Kritiker:innen dazu?

Ein beliebtes Aufputschmittel

Wir trinken Kaffee, um morgens wach zu werden oder um keinen Mittagsschlaf halten zu müssen. Es stimmt, Koffein ist ein Aufputschmittel, das sich auf die Aufmerksamkeit auswirkt. Aber es unterdrückt auch die Produktion des Schlafhormons Melatonin für mindestens sechs Stunden. Wenn Sie abends vor 23 Uhr einschlafen möchten, sollten Sie es vermeiden, zwischen 16 und 17 Uhr noch eine letzte Tasse Kaffee zu trinken. Wenn Sie viel Kaffee trinken, sollten Sie auf den gegenteiligen Effekt achten: Zu viel des Aufputschmittels macht müde ... Und die Auswirkungen von Kaffee und Koffein sind individuell unterschiedlich. Es kann zu Herzrasen, Aggressivität, Schlafstörungen oder Eisenmangel kommen.

Alexandre Marsat

Et voilà,
einen schönen Milchkaffee
für den Herrn!
... Nein, das ist nicht
unser Halloween-Special,
warum?

3

WÄHREND DER SCHWANGERSCHAFT KANN EIN GLÄSCHEN NICHT SCHADEN

Bei diesem Thema sind wir heutzutage am meisten sensibilisiert: Alkohol schadet dem Embryo. Aber gilt das auch für ein kleines Gläschen Champagner? Schauen wir es uns genauer an – der werdende Vater bleibt auch nicht verschont ...

In der Schwangerschaft gelten viele Verbote. Frauen, die schon einmal schwanger waren, berichten von einem erstaunlichen Alltag angesichts all dieser Vorgaben. Wenn eine Schwangere es wagt, den einen oder anderen medizinischen Rat zu übergehen, bringt sie ihr gesamtes Umfeld gegen sich auf: Da sie gebären wird, tut die Gemeinschaft so, als gehöre ihr Körper nicht mehr ihr. Die Angehörigen meinen es gut und mischen sich in ihre Privatsphäre ein, dabei steht an erster Stelle der Verbote der Alkohol. In Werbespots, am Eingang jeder Arztpraxis und vor allem auf Alkoholflaschen prangt die Warnung: »Alkohol ist für Schwangere schädlich.« Genauer gesagt, für den Fötus, der in ihrem Körper heranwächst.

Schon ein einziges Glas kann Schaden anrichten

Auch wenn allgemein bekannt ist, dass der Alkoholkonsum während der Schwangerschaft schädlich ist, denken viele, dass »ein kleines Gläschen in den neun Monaten zu einem besonderen Anlass nicht schlimm ist« oder dass »es am gefährlichsten ist, in den ersten drei Monaten Alkohol zu trinken«.

Dabei ist jedes einzelne Glas potenziell gefährlich. Das Fetale Alkoholsyndrom ist zwar auf einen zu hohen Alkoholkonsum während der Schwangerschaft zurückzuführen, aber schon ein einziges Glas zum falschen Zeitpunkt (während der Organbildung) ist schädlich für den Fötus. Diesen Zeitpunkt kann man unmöglich kennen, deshalb ist es so, als würde man russisch Roulette spielen. Das gilt sowohl für die ersten zwei Monate – die sehr empfindliche Phase der Embryogenese, in der sich der Embryo entwickelt – als auch für die folgenden Monate.

Wer mit einem Glas in der Hand einer schwangeren Frau sagt: »Du solltest nicht trinken«, verdient es, ein Glas Wasser ins Gesicht geschüttet zu bekommen.

Der Alkoholkonsum von Männern schadet dem Baby

Um schwangere Frauen zu unterstützen und ihnen kein schlechtes Gewissen zu machen, ist es am besten, nicht in ihrer Gegenwart zu trinken. Wenn man selbst trinkt, sollte man andere nicht belehren.

Und der werdende Papa? Aus Solidaritätsgründen sollte er auch abstinent bleiben. Vor allem aber ermutigt eine kürzlich im *European Journal of Preventive Cardiology* veröffentlichte medizinische Studie Väter, sechs Monate vor der Empfängnis mit dem Trinken aufzuhören, da das Risiko einer Herzerkrankung für das ungeborene Baby um 44 Prozent erhöht ist, wenn Männer vor der Schwangerschaft Alkohol konsumiert haben.[2]

So kann man auch Männern ein schlechtes Gewissen machen und sie belehren.

Alexandre Marsat

4

ZUCKER IST NICHT GEFÄHRLICH

Sommers wie winters halten wir Ausschau nach gutem Essen mit wenig Kalorien. Alle, die auf eine gute Figur Wert legen, haben dem Fett den Kampf angesagt. Dabei gewinnt der Zucker die Oberhand gegenüber dem Fett. Fett gegen Zucker – wer siegt am Ende?

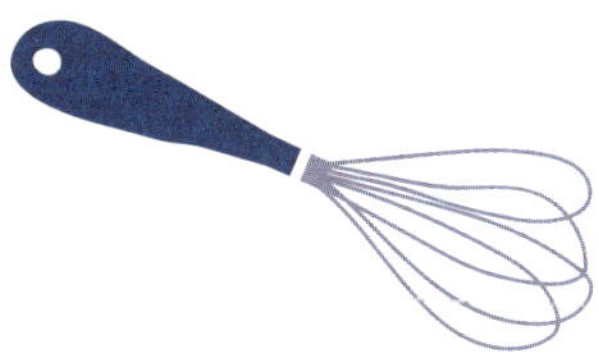

1 Zucker, der neue Feind Nr. 1

Das Fett wird bereits seit 100 Jahren für alles Übel verantwortlich gemacht und bekämpft, nun ist der Zucker ins Visier der Ernährungswissenschaft und Medizin geraten. Die glorreiche Zeit des Zuckers ist bald vorbei, auch wenn es sich schwierig gestaltet, ihn vom Sockel zu stoßen – so sehr, dass Expert:innen beschlossen haben, die Formel »Zucker wird in Fett umgewandelt« zu verwenden. Aber sowohl Zucker als auch Fett können gut oder schlecht für den Körper sein. Es kommt auf die Menge an und vor allem auf die Herkunft.

2 Guter oder schlechter Zucker?

Zucker ist nicht gleich Zucker. Die Zuckermenge zweier Lebensmittel zu vergleichen, wäre, als vergleiche man ein Kilo Salat mit einem Kilo Fleisch. Der glykämische Index (GI) ist ein präziser Maßstab, um sich zu orientieren. Der höchste GI ist in den raffiniertesten (weißen) Zuckersorten zu finden, die von der Zucker- und Lebensmittelindustrie verarbeitet werden. Zu den Spitzenreitern gehören Süßigkeiten und natürlich auch Limonaden.

3 Zirrhose durch Zucker

Der übermäßige Verzehr von Produkten mit einem hohen GI kann zu verschiedenen Gesundheitsproblemen führen. An erster Stelle steht Karies, gefolgt von Diabetes, Herz-Kreislauf-Erkrankungen und Bauchspeicheldrüsenkrebs.

Zunächst entsteht Karies, darauf folgt eine Kette von weiteren Krankheiten.

Es kann aber auch zur Entstehung einer nicht-alkoholischen Fettleber (Steatosis hepatis) kommen. Diese sogenannte »Soda-Krankheit«[3] ist eine Entzündung der durch Zuckerkonsum zu fett gewordenen Leber. In Frankreich sind zehn Prozent der Bevölkerung davon betroffen, in Deutschland sind es sogar 20 bis 30 Prozent.[4]

4 Zucker fürs Gehirn

Das heißt nicht, dass Sie Zucker komplett aus Ihrer Ernährung verbannen sollten (das wäre auch ziemlich kompliziert), denn er ist ein hervorragender Brennstoff für den Körper. In erster Linie ist er wichtig fürs Gehirn, weil die Neuronen Zucker brauchen. Damit die Glukose ins Gehirn gelangt, müssen wir aber nicht reinen Zucker essen. Es ist sinnvoller, wenn unser Körper ihn aus nährstoffreichen Lebensmitteln wie Gemüse oder Obst gewinnt, weil reiner Zucker nur aus Zucker besteht – ohne die weiteren notwendigen Nährstoffe. Die empfohlene Tagesmenge liegt bei etwa 100 Gramm. Ein Apfel enthält bereits zehn Gramm (drei Stück Würfelzucker). Wenn Sie zu viel Zucker zu sich nehmen, kann dies auch negative Auswirkungen auf das Gehirn haben: Gedächtnisprobleme, Depressionen sowie ein erhöhtes Risiko für neurodegenerative Krankheiten.

Alexandre Marsat

5

FETT MACHT DICK

Um Himmels willen! Schon beim Anblick von etwas Fettigem auf Ihrem Teller befürchten Sie, zuzunehmen. Vom Fett auf dem Teller bis zum Fett am Bauch ist es nur ein kleiner Schritt. Aber das muss nicht so sein.

Feinschmecker:innen und Gourmands werden Ihnen versichern: »Auf das Fett kommt es an!« Ein Slogan, der jede Person, die auf ihre Figur achtet, blass werden lässt. Doch selbst in der Ernährungswissenschaft wird das Fett nicht per se verurteilt. Zunächst einmal ist Fett tatsächlich lebensnotwendig! Es ist in vielen Lebensmitteln enthalten. Wichtig ist, zwischen verschiedenen Arten von Fetten zu unterscheiden: den einfach ungesättigten Fettsäuren, mehrfach ungesättigten Fettsäuren und gesättigten Fettsäuren.

Fette wurden lange Zeit für die schlimmsten Übel wie Herz-Kreislauf-Erkrankungen und Übergewicht verantwortlich gemacht. Das lag an einer Studie, die Fette mit einem zu hohen Body-Mass-Index (BMI) in Verbindung gebracht hat. Wissenschaftler:innen kämpfen schon lange gegen diese Theorie, meist leider vergeblich.

Energiezufuhr

Fette – oder besser gesagt Lipide (Moleküle) – sind interessant. Die französische Gesundheitsbehörde ANSES erinnert daran, dass Lipide neben Kohlenhydraten und Proteinen zu den drei Hauptbestandteilen von Lebensmitteln gehören und daher eine wichtige Rolle bei der Energieversorgung spielen. Sie speichern Energie und spielen eine »strukturelle« Rolle, die essenziell für unsere Zellen ist. Die Forschung an Omega-3-Fettsäuren, die in fettem Fisch wie Lachs oder in Raps- und Sojaöl enthalten sind, zeigt, dass sie für eine gute Gehirnfunktion von Bedeutung sind.

Lipide ermöglichen die Synthese verschiedener Hormone und können sich sogar positiv gegen Krebs auswirken.

Lipide ermöglichen die Synthese verschiedener Hormone.

Eingemachtes Fleisch ist nicht fett

Obwohl dem Fett der Krieg erklärt wurde, gibt es keine eindeutigen Hinweise auf einen Rückgang von Fettleibigkeit oder Herz-Kreislauf-Erkrankungen. Um Fett zu rehabilitieren, muss man nicht mehr, wie im Film *Das Glück liegt in der Wiese*, behaupten: »Gänseconfit ist nicht fett.« Auch der Verzehr einer kleinen, verführerisch-weichen Brioche bleibt nicht folgenlos.

Denn alles ist eine Frage des Gleichgewichts: Wir müssen uns abwechslungsreich ernähren, damit wir die notwendigen Nährstoffe zu uns nehmen, und gleichzeitig sollten wir nicht zu viel sitzen. Eine Tüte Chips zu essen, bevor man sich vor den Fernseher setzt, ist daher nicht ratsam. Aber zurück zum Bauchfett: Das überschüssige Fett erhöht das Risiko eines vorzeitigen Todes. Dieses Fett hängt nicht direkt mit den fettreichen Lebensmitteln zusammen, die wir essen, sondern mit einem Energieüberschuss, der durch die gesamte Ernährung, unseren Stoffwechsel und unseren Lebensstil verursacht wird. Fett allein ist also nicht unser Feind!

Alexandre Marsat

6

SPINAT VERLEIHT SUPERKRÄFTE

»Iss deinen Spinat, damit du so stark wirst wie Popeye (und nicht so müde bist)« – wer kennt diesen Spruch nicht? Dabei ist er falsch. Genau wie die angebliche fettverbrennende Wirkung von Ananasextrakten oder der schlechte Ruf von Avocados.

Spinat ist das eisenreichste Nahrungsmittel

Popeye hat sich geirrt! Spinat ist bei Weitem nicht das eisenreichste Lebensmittel – oder zumindest nicht das eisenhaltigste. Denn das Eisen, das aus Pflanzen stammt, wird vom Körper nicht am besten verwertet. Innereien, rotes Fleisch, Fisch und Meeresfrüchte enthalten Häm-Eisen, das vom Körper besser verwertet wird als Nicht-Häm-Eisen, das in pflanzlichen Lebensmitteln enthalten ist. Und selbst unter ihnen steht Spinat ganz hinten. Thymian (> 80 Milligramm pro 100 Gramm), einige Gewürze wie Kreuzkümmel (> 60 Milligramm pro 100 Gramm) oder Curry, Hülsenfrüchte wie Linsen oder Kräuter wie frische Petersilie enthalten mehr Eisen als Spinat, der weniger als drei Milligramm Eisen pro 100 Gramm enthält.

SPINAT
Ich bin legendär.

Ananas verbrennt Fett

Diese Behauptung gehört zu den Ernährungsmythen, genauso wie der schlechte Ruf der Avocado oder die Anti-Cellulite-Eigenschaften der Ananas. Das Bromelain, ein Inhaltsstoff der Ananas, ist ein Protease-Enzym, das aus dem frischen Stiel der Ananas gewonnen wird. Es soll Cellulite bekämpfen und zur Erhaltung eines normalen Körpergewichts beitragen. Diese Behauptung ist jedoch falsch. Bis heute gibt es keine wissenschaftlichen Studien, die dies belegen.

Die europäischen Gesundheitsbehörden haben 2012 sogar bestimmt, dass Nahrungsergänzungsmittel, die Bromelain oder Ananasextrakt enthalten, keine derartigen gesundheitsbezogenen Angaben machen dürfen. Im Rahmen einer normalen Ernährung mit fünf Portionen Obst und Gemüse am Tag kann diese tropische Frucht jedoch durchaus ab und zu auf den Tisch kommen.

Am besten isst man Obst und Gemüse der Saison aus lokaler Produktion.

Avocado lieber meiden

Dasselbe gilt für die Avocado. Mit 164 Kalorien pro 100 Gramm ist die mexikanische Frucht zwar kalorienreicher als die meisten frischen Früchte, aber es wäre schade, sie von unseren Tellern zu verbannen. Der Großteil der Energie wird von den Lipiden geliefert, die überwiegend aus einfach ungesättigten Fettsäuren bestehen und sich positiv auf das Herz-Kreislauf-System auswirken. Da die Avocado auch sehr reich an Ballaststoffen und Vitamin B9 (Folsäure) ist, ist sie für Frauen, insbesondere während der Schwangerschaft, zu empfehlen. Diese Frucht sollte also wieder rehabilitiert werden, wobei man selbstverständlich bedenken sollte, dass es am besten ist, (wenn möglich) saisonales, frisches Obst und Gemüse aus lokaler Produktion zu essen.

Alexandrine Civard-Racinais

7

SCHOKOLADE HAT VIELE KALORIEN

Es ist nicht verboten, eine Tafel Schokolade zu naschen, während Sie dieses Buch lesen – das kann sogar guttun. Schokolade wird sowohl gepriesen als auch verteufelt. Ist sie nun also gut oder schlecht? Oder beides?

Schokolade enthält etwa 550 Kalorien pro 100 Gramm, einschließlich Zucker und Fett. Wenn Sie es also übertreiben, wird der Zeiger Ihrer Waage nicht zu Ihrem Vorteil ausschlagen. Im Durchschnitt essen die Franzosen sieben Kilogramm Schokolade pro Jahr, in Deutschland kommt man auf fast 13 Kilogramm.[5] Bei übermäßigem Verzehr soll Schokolade die Leber belasten. Sie enthält zwar auch Ballaststoffe, aber diese reichen nicht aus, um Ihnen einen Toilettengang zu ermöglichen. Wenn Sie es jedoch an Feiertagen mit den verschiedenen Leckereien und Weinen übertreiben, wird Ihr Magen es Ihnen heimzahlen.

Dunkle Schokolade und Milchschokolade haben den gleichen Kaloriengehalt. Dunkle Schokolade ist hingegen fettreicher, während Milchschokolade süßer ist. Fett oder Zucker – Sie haben die Wahl.

Nützlich beim Lernen und gegen Depressionen?

Wir finden immer eine gute Ausrede, um eine Tafel Schokolade zu verputzen: Sie hebt unsere Stimmung und hält uns wach und produktiv. Das stimmt auch, denn Schokolade enthält Magnesium, das immer nützlich ist, wenn man sich konzentrieren muss, und Tryptophan, eine Aminosäure, die für die Synthese von Serotonin benötigt wird. Das »Glückshormon« Serotonin reguliert zahlreiche physiologische Prozesse wie etwa den Schlaf, die Stimmung, Aggressionen und Depressionen.

Tryptophan ist in zahlreichen Lebensmitteln enthalten – von Milchprodukten über Fleisch bis hin zu Reis –, aber es ist nicht das, was uns süchtig macht. Verantwortlich dafür ist das Molekül Anandamid, ein Cannabinoid, das, ähnlich wie Cannabis, Gefühle verstärken und Euphorie hervorrufen kann und dadurch (in seltenen Fällen) abhängig macht.

Schokolade enthält Magnesium, das die Gehirnaktivität unterstützt, und Tryptophan.

Zu den weiteren Vorteilen gehören Antioxidantien, die den Alterungsprozess verlangsamen, und Theobromin, ein Stimulans, das sich positiv auf Gehirn und Herz auswirkt. Diese positiven Effekte können sich entfalten, wenn man es nicht übertreibt. Es ist also besser, nicht süchtig zu werden.

Alexandre Marsat

Gegen die saisonal bedingte Depression: drei Stück Haselnuss-vollmilchschokolade morgens und abends und zusätzlich alle zwei Tage drei Stück dunkle Schokolade, die gelegentlich mit Nugat eingenommen wird.
Und nicht vergessen: viel Wasser trinken, um die Leber zu entlasten.
Äh ... Danke ...
CHOCO
LAIT NOIX
CHOCOLAT NOISETTE
NOIR EXTRA
NOIR EXTRA

8

GESÜNDER OHNE GLUTEN!

Gluten wird für alles Mögliche verantwortlich gemacht und am meisten verteufelt. Deshalb versuchen manche Menschen, es unbedingt zu meiden. Aber worum geht es genau beim Gluten?

Wo kommt Gluten vor?

Gluten ist eine Mischung aus zwei Proteinfamilien: Glutenine und Prolamine, die in bestimmten Getreidesorten wie Weizen, Roggen, Gerste und Hafer sowie in geringerem Maße auch in Dinkel und Kamut vorkommen.[6] Es ist in vielen verarbeiteten Lebensmitteln enthalten, da es sie weich und fluffig macht. Gluten verleiht dem Teig einzigartige viskoelastische Eigenschaften, kann aber auch zu gesundheitlichen Problemen führen: Zöliakie, Allergien und verschiedene Beschwerden, die (zu

Recht oder Unrecht) auf eine Nicht-Zöliakie-Glutensensitivität (NCGS) zurückgeführt werden.

Intoleranz oder Überempfindlichkeit?

Bei »echter« Glutenintoleranz handelt es sich um die gefürchtete Zöliakie. Die Dünndarmschleimhaut entzündet sich chronisch, was zu Blutarmut, Durchfall, Gewichtsverlust, Knochenschmerzen und Wachstumsstörungen bei Kindern führt. Es sind 0,5 bis zwei Prozent der Bevölkerung von dieser Krankheit betroffen, sie bleibt aber weitgehend unterdiagnostiziert.

Bei »echter« Glutenintoleranz handelt es sich um die gefürchtete Zöliakie.

Die selteneren Weizenallergien treten bei 0,1 bis 0,5 Prozent der Franzosen auf, während Überempfindlichkeitsreaktionen bei 2,7 Prozent der Bevölkerung vorkommen.[7] Die Beschwerden sind zwar real, aber der direkte Zusammenhang zwischen der Aufnahme von Gluten und den Beschwerden von überempfindlichen Personen ist noch nicht eindeutig geklärt.

Im Zweifel lieber verzichten?

Sollten auch Gesunde Gluten von ihren Tellern verbannen? Nein, sagt Professor Christophe Cellier, Leiter der Abteilung für Hepatologie und Gastroenterologie am Europäischen Krankenhaus Georges-Pompidou: »Eine glutenfreie Ernährung für diejenigen, die nicht krank sind, hat keinen erwiesenen Nutzen.«[8] Nur Menschen mit einer diagnostizierten Zöliakie müssen eine strenge, lebenslange glutenfreie Diät einhalten, und die Vorstellung, dass glutenfreies Essen gesünder sei (die von zehn Prozent der Bevölkerung geteilt wird[9]), gehört zu den Mythen und falschen Annahmen. Es ist ganz allgemein gesund, sich ausgewogen zu ernähren und nicht zu süß, zu salzig oder zu fett zu essen. Lassen Sie sich von dem »Glutenfrei«-Alarmismus nicht verunsichern, er ist vor allem für die Lebensmittelkonzerne ein verlockendes Geschäft.

Alexandrine Civard-Racinais

9

BROT MACHT DICK

Um nicht zuzunehmen, müsse man auf Brot, Kartoffeln und Nudeln verzichten, heißt es. Aber ist das wirklich vernünftig?

Ein Drittel der Französ:innen und fast jede:r zweite 18- bis 24-Jährige ist der Meinung, dass Brot dick macht.[10] Im Gegensatz zu den schnell verwertbaren Einfachzuckern in Limonaden, Süßigkeiten, Gebäck oder Desserts liefern Mehrfachzucker (komplexe Kohlenhydrate) Energie, die der Körper und das Gehirn nach und nach verwerten können (siehe S. 21, »Zucker ist nicht gefährlich«).

Es wäre schade und sogar kontraproduktiv, auf diese wichtige Zufuhr zu verzichten. Der Verzehr von stärkehaltigen Lebensmitteln (wie Kartoffeln oder Nudeln) hilft, bis zur nächsten Mahlzeit durchzuhalten, ohne der Versuchung zu erliegen, zwischendurch etwas zu snacken. Die meisten Menschen greifen bei Heißhunger auf fettige oder zuckerhaltige Lebensmittel zurück, die bei übermäßigem Verzehr zu einer Gewichtszunahme führen können. Es ist besser, ein Stück Baguette zum Frühstück zu essen, als sich um 11 Uhr auf eine Tüte Chips oder Kuchen zu stürzen.

Ballaststoffe für eine gesunde Verdauung

Stärkehaltige Nahrungsmittel sind reich an komplexen Kohlenhydraten und eine gute Quelle für Ballaststoffe, Vitamine und Mineralstoffe, besonders, wenn sie aus Vollkorn bestehen. Darin sind wesentlich mehr Ballaststoffe enthalten als in raffinierten Lebensmitteln. Der Verzehr von Ballaststoffen, die für eine gute Verdauung notwendig sind, ist in Frankreich jedoch gering. Nur acht Prozent der erwachsenen Frauen und 17 Prozent der Männer verzehren 25 Gramm Ballaststoffe pro Tag.[11]

Das Nationale Programm für Ernährung und Gesundheit (PNNS) empfiehlt daher »mindestens ein stärkehaltiges Vollkornprodukt pro Tag«.

Weißbrot kann durch Roggen-, Dinkel- oder Vollkornbrot ersetzt werden. Das Gleiche gilt für Nudeln, die als Hauptgericht mit Hülsenfrüchten und Gemüse oder als Beilage serviert werden.

Die Zugabe von Fett oder Käse sollte in Maßen erfolgen. Denn nicht die Stärke in den Nahrungsmitteln macht dick, sondern die Art, wie sie zubereitet werden (Pommes frites vs. gekochte Kartoffeln), kann den Gerichten überflüssige Kalorien hinzufügen.

Alexandrine Civard-Racinais

10

EIN BIER NACH DEM SPORT IST GESUND

Mhm, ein kleines Bier, das tut nach dem Sport oder einem Spiel gut! Wirklich? Schauen wir uns das genauer an, bevor Sie das nächste kühle Bier in einem Zug hinunterstürzen.

Wenn man sich nach dem Sport gerne auf ein Bier stürzt, dann natürlich, weil es ein Durstlöscher ist. Aber es ist nicht so wohltuend, wie es scheint. Sicher, zunächst können Sie Ihren Durst damit stillen. Aber Bier ist ein alkoholisches Getränk und wie jedes alkoholische Getränk dehydriert es. Mit jedem Glas Bier verlieren Sie mehr Wasser, als Sie getrunken haben ...

Diese Erfahrung haben Sie sicherlich schon einmal gemacht: Wenn Sie an einem feuchtfröhlichen Abend zu viel getrunken haben, gehen Sie ständig auf die Toilette und trinken anschließend ein Glas Wasser nach dem nächsten.

Die Behauptung »Ein kleines Bier nach dem Sport ist gesund!« ist also falsch, und Ärzte versuchen seit Langem, diesen Mythos zu bekämpfen, ganz zu schweigen von der Präventionsarbeit rund um das Thema Alkohol. Bier dehydriert nicht nur – und nach dem Sport sollte man sich ja gerade Flüssigkeit zu sich nehmen –, sondern es hat nach körperlicher Anstrengung auch noch andere negative Auswirkungen.

Muskelfasern wieder aufbauen

Bier ist ein kalorienreiches Getränk. Nachdem man seinen Körper beim Sport stark beansprucht hat, ist es das Ziel, ihn wieder abzukühlen. Kalorien hingegen sind nützlich, wenn man sich anstrengen muss, denn sie werden verbrannt. Für die Ruhephase sind sie also ein Gegenspieler.

Außerdem müssen die Muskelfasern wieder aufgebaut werden, da sie Mikroverletzungen erlitten haben. Die Zeit der Erholung ist entscheidend. Alkohol hat für diese Reparatur keinen Nutzen, zumal der Wiederaufbau der Muskeln über die Proteinbiosynthese erfolgt, die durch Alkohol beeinträchtigt wird. Es ist also nicht nur falsch, zu sagen, dass Bier nach dem Sport gut für den Körper sei, sondern sogar schädlich.

Einerseits dehydriert es, wenn man sich eigentlich mit Flüssigkeit versorgen müsste, andererseits hemmt es die Muskelerholung.

Wasser ist das beste Getränk, um den Flüssigkeitshaushalt wieder ins Gleichgewicht zu bringen. Außerdem hilft es, die im Körper angesammelten Abfallstoffe auszuspülen. Wenn Sie intensiv Sport treiben, können Sie zusätzlich ein spezielles Sportgetränk zu sich nehmen, um die während des Sports verloren gegangenen Proteine, Glukose und Mineralstoffe wie Natrium wieder aufzunehmen.

Alexandre Marsat

11

MÖHREN MACHEN LIEBENSWERT UND SIND GUT FÜR DIE AUGEN

CURIEUX! NEWS
Diese Lebensweisheit scheint ihren Ursprung beim Esel zu haben. Man hat eine Möhre verwendet, um dieses sture Tier dazu zu bringen, sich zu bewegen, was es »liebenswerter« gemacht hat.
In Wirklichkeit verhält es sich so, dass der Verzehr von Gemüse das Immunsystem allgemein stärkt und sich somit auf das Wohlbefinden und die Stimmung auswirkt. In der Möhre wurde aber keinerlei magisches Molekül gefunden, das in Verbindung zur Sympathie steht.
CURIEUX! NEWS
Immerhin ist sie gut für die Augen. Sonst würden die Menschen keinerlei Sinn mehr darin sehen, sie zu essen, und die Verkaufszahlen würden ins Bodenlose sinken!
Ähm ...
Nicht ganz, Jean-Pierre, nicht ganz.
CURIEUX! NEWS
Wie?
W...Was wollen Sie damit sagen, Marlène?
Also gut. Möhren haben auch keinerlei Wirkung auf unser Sehvermögen.
Sie beinhalten Beta-Carotin, eine Vorstufe des Vitamins A, das eine wichtige Rolle beim Sehen spielt, insbesondere bei der Anpassung des Auges an die Dunkelheit, aber es kann nichts an einer Kurzsichtigkeit ändern.
Ich ... Man hat mich also MEIN GANZES LEBEN LANG angelogen?!
CURIEUX! NEWS
Ich weiß es nicht, Jean-Pierre ... Aber essen Sie auf jeden Fall weiterhin Möhren, sie beinhalten viele Nährstoffe, die wichtig für Ihren Körper sind.
Aber wenn Sie Schwierigkeiten haben, diesen Text zu lesen, suchen Sie eine Augenärztin auf! Das war's für heute Abend, nun folgt die Werbung!
Eine ungeheure Verschwörung!
WERBUNG!

12

OLIVENÖL IST GESUND

Olivenöl soll das Allheilmittel für unsere Gesundheit sein, behaupten jedenfalls die einen. Das seit der Antike gepriesene Pflanzenöl ist der Hauptbestandteil der Mittelmeerdiät – und ihre gesundheitlichen Vorteile sind hinreichend belegt.

Jeden Morgen ein Glas Olivenöl zu trinken wie die kretischen Fischer in den 1960er-Jahren – ist das ein Garant für ein gesundes und langes Leben? Bewiesen ist es nicht. Sicher, der tägliche Verzehr von nativem Olivenöl hat Vorteile. Da es kalt gepresst ist, enthält es etwa 30 Polyphenole, die als Antioxidantien wirken, Entzündungen hemmen und dazu beitragen, die Auswirkungen des Alterns, insbesondere auf Herz und Gehirn, zu verringern. Die positive Wirkung der Polyphenole ist die einzige von der Europäischen Behörde für Lebensmittelsicherheit (EFSA) anerkannte gesundheitsbezogene Angabe. Olivenöl ist jedoch kein Verjüngungselixier oder gar ein Wundermittel gegen Krebs und Alzheimer.

Für eine gute Gesundheit reicht es nicht aus, Olivenöl oder ein anderes Lebensmittel, das als gesundheitsfördernd gilt, zu sich zu nehmen. Dazu gehören ein insgesamt gesunder Lebensstil (mehr Bewegung) und eine abwechslungsreiche Ernährung, die sich weitgehend an der berühmten Mittelmeerdiät orientiert.

Kognitive Funktionen und Immunsystem

Zur mediterranen Ernährung gehört nicht nur, täglich mit Olivenöl zu kochen, sondern auch mehr Gemüse, Hülsenfrüchte, Obst, Nüsse und Fisch, dafür weniger rotes Fleisch, Milchprodukte und gesättigte Fettsäuren. »Unsere neueste Studie zeigt, dass eine sogenannte mediterrane Ernährung Veränderungen in der Zusammensetzung der Bakterien in unserem Verdauungstrakt, dem Mikrobiom, bewirkt, die die kognitiven Funktionen und das Gedächtnis, das Immunsystem und die Knochenstärke verbessern«, sagt Paul O'Toole, Professor für Mikrobiologie am University College Cork.[12]

In der Zwischenzeit sollten wir weiterhin Olivenöl im Rahmen einer abwechslungsreichen Ernährung konsumieren, die möglichst bio und saisonal ist.

Es stehen noch weitere Studien aus, die klären sollen, welche Schlüsselelemente der mediterranen Ernährung für diese positiven Veränderungen des Mikrobioms verantwortlich sind, die zu den anderen bereits nachgewiesenen positiven Auswirkungen hinzukommen. Bis dahin sollten wir Olivenöl weiterhin als Teil einer abwechslungsreichen Ernährung konsumieren, die möglichst bio und saisonal ist.

Alexandrine Civard-Racinais

13

ORANGENSAFT SCHÜTZT VOR VIREN

Im Winter täglich eine Orange oder ein Glas Orangensaft – das wehrt bei kalten Temperaturen die Viren ab, die überall lauern. Wirklich?

Orangensaft zum Frühstück ist zwar lecker, vor allem, wenn man ihn am Bett serviert bekommt, aber er hält Viren nicht fern. Dieser Mythos hält sich hartnäckig, denn Zitrusfrüchte enthalten tatsächlich eine große Menge an Vitaminen, besonders Vitamin C. Eine einzige Orange enthält die Hälfte des empfohlenen Tagesbedarfs an Vitamin C, ganz zu schweigen von Magnesium, Eisen und Antioxidantien, die fit halten, sowie Vitamin B mit kardiovaskulärer Wirkung und Calcium. Es ist also ein vollwertiges Nahrungsmittel.

Vitamin C kann zwar zu einer besseren körperlichen Verfassung und damit zu einer besseren Resistenz gegen Krankheiten beitragen, aber ein Mangel an Vitamin C ist selten, es sei denn, man ist sehr müde oder krank. Es ist nicht nötig, gleich einen ganzen Liter Orangensaft zu trinken: Sobald die nötige Dosis Vitamin C erreicht ist (80 bis 120 Gramm pro Tag), scheidet der Körper den Überschuss über den Urin aus. Des Weiteren ist Vitamin C in großen Mengen in vielen Obst- und Gemüsesorten enthalten.

Die Kraft des Vitamin D

Im Winter fehlt uns vor allem die Sonne, da die Tage kürzer werden. Da die Sonne sich von unserer Hemisphäre entfernt, scheint sie weniger stark – wenn sie nicht sogar ganz durch Nebel oder Wolken verdeckt wird. Und schon sind wir von saisonaler Müdigkeit betroffen. Die Menschen im hohen Norden kennen das Phänomen und tanken Vitamin D. Da unser Körper Vitamin D nur durch die UVB-Strahlen der Sonne synthetisieren kann, fehlt es uns im Winter. Vitamin D ist wichtig, um mental fit zu bleiben, vor allem aber sorgt es für eine bessere Immunabwehr.

Dieses oft vergessene Vitamin ist mit der Coronapandemie wieder in den Vordergrund gerückt. Es war bekannt, dass ein Vitamin-D-Mangel das Immunsystem beeinträchtigt. 2017 erklärte die Weltgesundheitsorganisation (WHO) in einer Pressemitteilung, dass »aktuelle Metaanalysen eine schützende Wirkung der Vitamin-D-Supplementierung auf Infektionen der Atemwege gezeigt haben«. Eine spanische Studie ergab, dass 80 Prozent der Covid-19-Patient:innen einen Vitamin-D-Mangel hatten.

Vitamin D sorgt für eine bessere Immunabwehr.

Also: Genießen Sie das Glas Orangensaft am Morgen und trinken Sie dazu noch einen Becher Lebertran … Nein, das war ein Scherz, von Letzterem sollten Sie eher nur einen Esslöffel nehmen. Ansonsten sind fettreicher Fisch, Käse und andere Milchprodukte zu empfehlen, die reich an Vitamin D sind. Eine ausgewogene Ernährung und ein gesunder Lebensstil machen uns widerstandsfähiger gegen Viren.

Alexandre Marsat

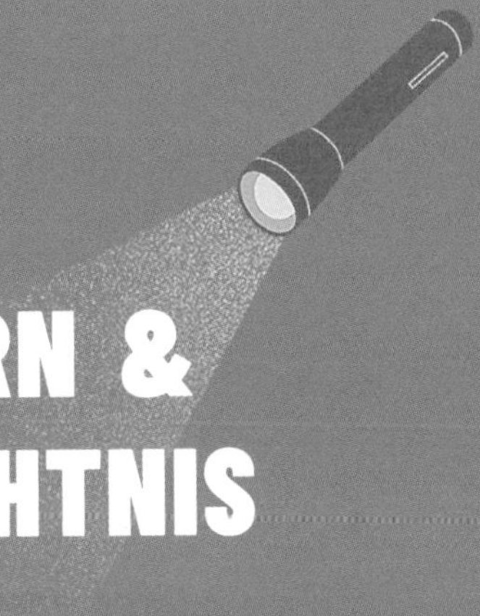

GEHIRN & GEDÄCHTNIS

14

MÄNNER UND FRAUEN HABEN UNTERSCHIEDLICHE GEHIRNE

Frauen haben Schwierigkeiten, sich zu orientieren, verfügen aber über eine hohe emotionale Intelligenz. Männer haben einen guten Orientierungssinn und sind gut in Mathe. Angeblich sind diese Unterschiede im Gehirn angelegt. Da das weibliche Gehirn kleiner ist, sehen manche darin schon den Beweis für ihre geringere Intelligenz.

»Männer sind vom Mars und Frauen von der Venus.« Das ist ein Slogan aus den 1980er/90er-Jahren, der schlecht gealtert ist. Genauso wie die Annahmen, dass Männer den Krieg lieben und die Farbe Rot wie die des Planeten Mars, dass Frauen blaue Blumen sind wie die Venus, die Göttin der Liebe, der Verführung und weiblichen Schönheit. Und das alles, weil die Gehirne von Frauen und Männern unterschiedlich sind. Nun reicht es aber auch – wir haben die Grenze der Frauenfeindlichkeit, der Klischees und eines schädlichen Mythos überschritten!

Zwei verschiedene Geschlechter, zwei verschiedene Gehirne. Diese Feststellung ist so simpel wie falsch. Dennoch hält sie sich hartnäckig. Sie gehört zu den hartnäckigsten unter den zahlreichen Mythen rund ums Gehirn, die die Neurowissenschaften seit Jahren zu entkräften versuchen.

Soziale Unterschiede und Stereotypen

Historisch gesehen ist dies darauf zurückzuführen, dass die Gesellschaft die Unterschiede zwischen Männern und Frauen in Fragen der Arbeitsteilung, Freizeitgestaltung und der Rolle der Frau im Haushalt erschaffen, kultiviert und zementiert hat. Aus faktischer Sicht werden Unterschiede durch soziale Stereotype gefördert.

In der Vergangenheit wurde in der Wissenschaft im »schwachen Geschlecht« ein »Wesen« mit einer anderen, wenn nicht sogar geringeren intellektuellen Entwicklung gesehen. Man hat versucht, diese Thesen unter anderem mithilfe der Kraniometrie zu belegen, einer Disziplin, bei der die Größe und das Gewicht des Gehirns gemessen werden. Es kam wie erwartet: Frauen haben ein kleineres Gehirn als Männer. Mehr hat es nicht gebraucht, um zu zeigen, dass sie weniger begabt sind als Männer ...

Paul Broca, ein berühmter Anatom aus dem 19. Jahrhundert, erklärte, dass die relativ kleine Größe des Gehirns der Frau sowohl von ihrer körperlichen als auch von ihrer intellektuellen Unterlegenheit abhinge.

Die Größe des Gehirns spielt für die intellektuelle Leistungsfähigkeit keine Rolle. Einstein hatte ein kleineres Gehirn als der Durchschnitt.

In dieser Aussage Brocas steckt viel Gewalt. Genau wie in dem folgenden Satz des berühmten (und zu seiner Zeit umstrittenen) Sozialpsychologen Gustave Le Bon: »Die Gehirne der meisten Frauen sind in ihrer Größe denen der Gorillas näher als denen der am weitesten entwickelten männlichen Gehirne.« Diese Thesen waren zwar der Ursprung dieses Mythos, wurden aber selbstverständlich entkräftet. Zunächst einmal gleicht kein Gehirn dem anderen (in der Größe), und die Kraniometrie, die Wissenschaft der Vorurteile, die auch für rassistische Thesen herangezogen werden sollte, wurde entkräftet. Wir wissen also, dass die Größe des Gehirns keine Rolle bei der intellektuellen Leistung spielt. Einstein hatte übrigens ein kleineres Gehirn als der Durchschnitt. Die Annahme »großes Gehirn = hohe Intelligenz, kleines Gehirn = geringere Fähigkeiten« ist also ebenso dumm wie falsch.

Alexandre Marsat

15

DAS GEDÄCHTNIS IST ENTWEDER GUT ODER SCHLECHT, VISUELL ODER AUDITIV

Ob wir uns eine Telefonnummer merken, uns daran erinnern, wo wir die Schlüssel hingelegt haben, oder uns der Name eines Prominenten wieder einfällt, wir verlassen uns immer auf unser Gedächtnis – oder eben nicht. Das Gedächtnis ist ein Opfer von weit verbreiteten Neuromythen. Hier sind zwei, die sich hartnäckig halten.

1 Wir haben entweder ein gutes oder ein schlechtes Gedächtnis

Nein, wir haben nicht »ein« gutes oder »ein« schlechtes Gedächtnis, denn wir haben verschiedene Arten von Gedächtnis: das Arbeitsgedächtnis, das episodische Gedächtnis, das semantische Gedächtnis, das perzeptuelle, prozedurale und sensorische Gedächtnis.

Allerdings stimmt es, dass manche Menschen ein »phänomenales« Gedächtnis haben und etwa in der Lage sind, viele Dezimalstellen der Zahl Pi (π) auswendig zu lernen oder die Quadratwurzel einer hundertstelligen Zahl in wenigen Sekunden zu bestimmen. Bisher gibt es jedoch keinen identifizierten genetischen Faktor, der diese Leistungen erklärt. Bei Labormäusen wurden Hunderte von Genen identifiziert, die am Lernen und Erinnern beteiligt sind.

Menschen mit einem hervorragenden Gedächtnis verwenden in der Regel eine Reihe von Strategien, die mit ihrer Leistung zusammenhängen, wie etwa die Verknüpfung von Zahlen mit Farben oder Formen, die Einbettung von Informationen in eine Geschichte und andere mnemotechnische Tricks. Das mehrmalige Wiederkäuen von Informationen in kurzer Zeit, um sie sich einzuprägen, wie es Schüler:innen am Abend vor Prüfungen tun, ist jedoch nur kurzfristig wirksam.

2 Visuell oder auditiv?

Die Theorie der Lernstile besagt, dass manche Schüler:innen eher visuelle, andere eher auditive und wieder andere eher kinästhetische Lerntypen seien. Sie würden schneller verstehen und das Gelernte besser behalten, wenn ihnen die Lektionen in grafischer, auditiver oder taktiler Form präsentiert werden.

In Wirklichkeit stimmt das jedoch nicht. Zunächst einmal ist die Palette der Lerntypen sehr viel breiter. Der britische Forscher Frank Coffield hat sogar 71 verschiedene Lernstile beschrieben, die visuelle, auditive oder kinästhetische, rechts- oder linkshändige, analytische oder synthetische, rationale oder emotionale Lernstile kombinieren.[13] Weil die Lernstile verschiedene Kategorien in unterschiedlichem Ausmaß ansprechen sind sie nicht klar voneinander abzugrenzen.

Außerdem konnte bisher noch keine Studie nachweisen, dass Schüler:innen, die spontan ihrer bevorzugten Methode folgen, besser lernen als solche, denen die Methode aufgezwungen wurde. Die wissenschaftliche Literatur kommt zu dem Schluss, dass die multimodale Präsentation von Informationen für den Erwerb von Wissen von Vorteil ist.

Florence Heimburger

16

ALLE BEREICHE DES GEHIRNS LASSEN IM ALTER NACH

Verlorene Schlüssel, ein verlegtes Handy, ein Name, der auf der Zunge liegt ... Nach dem 50. Lebensjahr klagt die Hälfte der Bevölkerung über Gedächtnisprobleme. Zum Glück deuten diese Ausfälle nicht systematisch auf eine Gedächtnisstörung (wie Alzheimer) hin. Mit zunehmendem Alter sind sie unvermeidlich, aber man kann sein Gedächtnis fit halten.

Gerne wird behauptet, das Gedächtnis nutze sich nur dann ab, wenn man es nicht benutzt. Leider lässt das Gedächtnis aber auch mit zunehmendem Alter nach (obwohl die Gehirne mancher Menschen bis ins hohe Alter einwandfrei funktionieren). Viele wissenschaftliche Arbeiten haben gezeigt, dass das explizite Gedächtnis und das Arbeitsgedächtnis älterer Menschen im Vergleich zu jüngeren Menschen deutlich abgenommen haben.

Das explizite Gedächtnis umfasst das episodische Gedächtnis für erlebte Ereignisse und das semantische Gedächtnis für das aktuelle Wissen über die Welt. Das Arbeitsgedächtnis ermöglicht die vorübergehende Speicherung von Informationen, die während der Durchführung verschiedener Verständnis-,

Denk- oder Problemlösungsaufgaben gebraucht werden können.

Beide Gedächtnisarten erfordern Aufmerksamkeitsressourcen und beanspruchen mehr sogenannte kontrollierte Prozesse im Gegensatz zu automatischen Prozessen. Das implizite (oder »nicht-deklarative«) Gedächtnis, das es uns ermöglicht, Aufgaben routinemäßig zu erledigen (Fahrrad fahren, Geschirr spülen), und das emotionale Gedächtnis (Erinnerungen, die mit Freude oder Trauer verbunden sind) werden hingegen jedoch nicht oder nur geringfügig beeinträchtigt.

Alzheimerkrankheit

Alle Studien stimmen darin überein, dass die Neuronen und Synapsen alternder Gehirne abnehmen und senile Plaques und neuronale Degenerationen in der Hirnrinde zunehmen. Dennoch konnte keine Korrelation zwischen diesen strukturellen Veränderungen und Veränderungen der kognitiven Leistungen bei als »normal« eingestuften älteren Menschen festgestellt werden.

Epidemiologische Studien zeigen jedoch, dass das Gehirn mit zunehmendem Alter anfälliger wird für Schlaganfälle, Tumore und sogenannte degenerative Erkrankungen (wie Parkinson und Alzheimer, die beide mit kognitiven Defiziten einhergehen können). Daher kommt die Besorgnis, wenn wiederholte Vergesslichkeit auftritt.

Wenn diese Probleme immer häufiger auftauchen und sich auf den Alltag auswirken, sollte man eine Gedächtnissprechstunde in Anspruch nehmen, die sich auf die Diagnose von Alzheimer spezialisiert hat.

Das Gedächtnis kann fit gehalten werden!

Auch wenn das Gedächtnis mit den Jahren abstumpft, kann man es pflegen: Stimulieren Sie Ihr Gehirn bei jeder Gelegenheit (eine neue Sprache erlernen, lesen, Kreuzworträtsel lösen, Sudoku spielen)! Es ist auch sehr ratsam, soziale Kontakte zu pflegen, sich körperlich zu betätigen, einen gesunden Lebensstil zu haben, ausreichend zu schlafen und aufs Fernsehen zu verzichten. All diese Verhaltensweisen tragen dazu bei, einen guten Allgemeinzustand und ein gutes Gedächtnis zu bewahren und gleichzeitig das Risiko von Alzheimer und anderen kognitiven Beeinträchtigungen zu minimieren.

Florence Heimburger

17

DAS GEHIRN IST DER KONTROLLTURM UNSERES KÖRPERS

Das Gehirn ist sowohl eine Steuer- als auch eine Kontrollzentrale und nimmt sensorische Informationen auf, die es interpretiert. Es ist der Sitz unserer Gedanken und Gefühle sowie das Schlüsselelement des Nervensystems, des komplexesten Organs des menschlichen Körpers. Aber regelt es unser gesamtes Verhalten und steuert es alles ganz allein?

Das Gehirn macht nur zwei Prozent der Körpermasse eines Erwachsenen aus, verbraucht aber fast 20 Prozent des Sauerstoffs, den wir einatmen, und 50 Prozent der Glukose, die wir zu uns nehmen. Es hat die Größe und das Aussehen eines kleinen Blumenkohls, aber dank seiner 100 Milliarden Nervenzellen können wir atmen, denken und sprechen. Das Gehirn ist sozusagen der Kontrollturm unseres Körpers: Es steuert seine Funktion und Bewegungen. Seine Nervenzellen (Neuronen) und Gliazellen (Stützzellen, die die Neuronen mit Nährstoffen versorgen und ihre Abfallprodukte abtransportieren) setzen Neurotransmitter (Dopamin, Serotonin, Acetylcholin) frei, die auf andere Nerven-

oder Muskelzellen wirken. Diese Neurotransmitter steuern die Bewegungen und regulieren die Stimmung, den Schlaf, den Appetit, die Konzentration, die Aufmerksamkeit und das Gedächtnis.

Kurzum, das Gehirn ist ein lebenswichtiges Organ. Es könnte jedoch nicht ohne die anderen lebenswichtigen Organe funktionieren. Die Lunge und das Herz versorgen das Gehirn mit sauerstoffreichem Blut, die Leber liefert Energie und die Nieren entgiften den Körper.

Rückenmark und Nerven, wichtige Partner des Gehirns

Das Gehirn könnte seine Aufgaben nicht erfüllen, wenn es nicht eine natürliche Erweiterung hätte: das Rückenmark. Es verläuft in der Mitte unserer Wirbelsäule und überträgt Informationen zwischen Gehirn und Körper. Dieses Duo bildet das zentrale Nervensystem.

Ähnlich verhält es sich mit den Nerven. Es gibt welche, die Informationen sammeln, andere wiederum erteilen Befehle. Ohne sie könnte das königliche Organ seine Aufgabe nicht erfüllen. Es handelt sich dabei um das periphere Nervensystem, das in das somatische und das vegetative Nervensystem unterteilt wird.

Das somatische Nervensystem umfasst die Nerven, die für die Beziehung des Organismus zu seiner Außenwelt zuständig sind. Diese Nerven leiten Informationen von den verschiedenen Sinnessensoren an das Gehirn weiter und ermöglichen es, durch Bewegung auf diese Reize zu reagieren.

Das vegetative Nervensystem wird hauptsächlich vom Hypothalamus, einer kleinen Hirndrüse, gesteuert und umfasst sensible und motorische Nerven, die eher an der Regulierung der inneren Lebensfunktionen beteiligt sind: Verdauung, Atmung, Blutkreislauf, Ausscheidung oder Sekretion von Hormonen.

Das Gehirn ist jedoch der Dirigent des gesamten Systems und arbeitet 24 Stunden am Tag, selbst wenn wir tief und fest schlafen. Daher ist es wichtig, das Gehirn mit den richtigen Nährstoffen, ausreichend Schlaf und körperlicher Aktivität zu verwöhnen (siehe S. 71, »Nur Fisch ist gut fürs Gedächtnis!«).

Florence Heimburger

18

VOR DEM DRITTEN LEBENSJAHR KÖNNEN SICH KINDER AN NICHTS ERINNERN

Können Sie sich noch an Ihre erste Karussellfahrt erinnern? Nein? Logisch, Sie waren ja noch viel zu klein. Man spricht sogar vor dem Alter von dreieinhalb Jahren von infantiler Amnesie. Aber über welches Gedächtnis sprechen wir hier eigentlich?

Das episodische Gedächtnis bezieht sich auf autobiografische Erinnerungen und ermöglicht es uns, uns an vergangene, persönlich erlebte Ereignisse zu erinnern, die wir zeitlich und räumlich einordnen können; es ermöglicht uns auch, uns in die Zukunft zu projizieren. Zumindest ab einem bestimmten Alter, denn es ist sehr selten, dass man sich an Ereignisse erinnern kann, die vor dem Alter von dreieinhalb Jahren stattgefunden haben. Und das aus gutem Grund.

»Das episodische Gedächtnis entsteht im Alter von drei bis fünf Jahren«, betont Francis Eustache, Neuropsychologe am Inserm[14] auf der Website des Instituts. Es scheint, dass die Zellen im Gyrus dentatus des Hippocampus, die eine entscheidende Rolle für das episodische Gedächtnis spielen, vor diesem Alter noch unreif sind. Der Aufbau des Gedächtnisses erfolgt also schrittweise.

Episodisches und semantisches Gedächtnis sind miteinander verbunden

Außerdem gibt es nicht nur ein Gedächtnis, sondern fünf miteinander verbundene Systeme, an denen unterschiedliche neuronale Netzwerke beteiligt sind.[15] Das episodische Gedächtnis ist »eng mit dem semantischen Gedächtnis (Sprache und Wissen über die Welt und sich selbst) verwoben«, erklärt Francis Eustache.

»Das autobiografische Gedächtnis beginnt, bevor wir Wörter dafür haben.«

Der Neuropsychiater Boris Cyrulnik ergänzt: »Wenn die Worte auftauchen, können wir uns mitteilen.« Das autobiografische Gedächtnis ist kein getreues Abbild der Vergangenheit, sondern »eine Darstellung der eigenen Vergangenheit«, die von vielen Faktoren beeinflusst wird und sich im Laufe des Lebens verändert.

Vergessen bedeutet nicht, dass es keine Erinnerung gibt

Und schließlich ist die Tatsache, dass man sich nicht explizit an etwas erinnern kann, nicht gleichbedeutend mit dem Fehlen einer Erinnerung. Jüngste Untersuchungen an Säuglingen und Kleinkindern haben eindeutig gezeigt, dass diese in der Lage sind, Erinnerungen zu bilden, auch wenn sie als Erwachsene meist nicht in der Lage sind, sich an diese zu erinnern.[16] »Das autobiografische Gedächtnis beginnt, bevor wir Wörter dafür haben«, fasst Boris Cyrulnik so schön zusammen.[17]

Alexandrine Civard-Racinais

19

MAN KANN DAS GEDÄCHTNIS TRAINIEREN!

Wenn man in einer Suchmaschine »Gedächtnis üben« eingibt, wird man sofort von einer Flut von Tipps und Tricks erschlagen. Doch können wir unsere Gedächtnisleistung wirklich verbessern?

Um gleich mit dem größten Mythos über **das** Gedächtnis aufzuräumen: Es gibt nicht nur **ein** Gedächtnis, sondern **fünf** miteinander verbundene Systeme, von denen vier für die Schaffung von Langzeiterinnerungen zuständig sind (siehe S. 56, »Das Gedächtnis lässt im Alter nach«). Das Arbeitsgedächtnis, auch Kurzzeitgedächtnis genannt, ist kurzlebig. Es kann sich nur sieben Zahlen oder sieben vertraute Wörter merken, und das auch nur für etwa 30 Sekunden. Machen Sie sich also keine Sorgen, wenn Sie den Titel des erst vor wenigen Stunden zu Ende gelesenen Buches bereits vergessen haben ... Ein gesunder Lebensstil und die Anwendung von Mnemotechniken können unsere

Gedächtnisleistung durchaus verbessern, allerdings ist die Gedächtnisleistung von Mensch zu Mensch unterschiedlich und verändert sich im Laufe der Zeit.

Ein gesunder Lebensstil

Ausreichend langer und guter Schlaf (siehe S. 68, »Der Schlaf hat keine Auswirkungen auf Gedächtnis und Konzentration«) ist einer der Faktoren, die man beeinflussen kann. Auch die Ernährung (siehe S. 71 »Nur Fisch ist gut fürs Gedächtnis!«), körperliche Aktivität und soziale Kontakte spielen eine wichtige Rolle.

Wenn Gefühle helfen

Neurowissenschaftliche Untersuchungen haben auch gezeigt, dass positive Gefühle zu einer punktuellen Verbesserung der Gedächtnisleistung führen können. »Es scheint auch, dass die Festigung und damit das Behalten von Informationen durch Gefühle begünstigt wird: Der Abruf einer emotionalen Erinnerung nach einem längeren Zeitraum ist oft stärker als bei einer neutralen Erinnerung, und schließlich wird auch der Abruf einer Erinnerung durch ein positives Gefühl verbessert«, fasst der Neuropsychologe Francis Eustache auf der Website des Inserm zusammen.[18]

Die Vorstellungskraft nutzen, um sein Gedächtnis zu trainieren

Um das Erinnerungspotenzial freizusetzen, schlägt Sébastien Martinez der französische Gedächtnismeister von 2015, vor, die Vorstellungskraft zu nutzen, also »die Fähigkeit, ein reales oder nicht reales Objekt im Geist darzustellen«.[19] Um sich zu merken, dass *Të dua* auf Albanisch »Ich liebe dich« bedeutet, kann man sich etwa zwei Finger vorstellen, die über die Wange der geliebten Person gleiten, oder man geht einer anderen Assoziation nach. »Es ist Ihnen überlassen, wie Sie die Objekte miteinander verbinden«, fährt er fort. Diese Assoziation ermöglicht es, eine neue Information an eine bereits gewonnene Information anzuhängen. Denn es gibt kein Patentrezept: »Das Gehirn ist kein Muskel, Sie können seine Speicherkapazität nicht erhöhen, da sie unendlich ist, aber Sie können die Strategien verbessern, mit denen Sie die Informationen, die Sie lernen, einordnen und behalten«, erklärt der Gedächtnissportler. Zu diesen Strategien gehört auch, das Lernen spielerisch zu gestalten – das Gedächtnistraining ist dann zwar nicht immer effektiv, macht aber zumindest Spaß. Das ist immerhin ein Gewinn!

Alexandrine Civard-Racinais

20

DER SCHLAF HAT KEINE AUSWIRKUNGEN AUF GEDÄCHTNIS UND KONZENTRATION

Herz, Immunsystem, Figur, Stimmung – eine gute Schlafhygiene wirkt sich positiv auf die Gesundheit aus und verbessert auch unsere kognitiven Funktionen wie Gedächtnis, Konzentration und Aufmerksamkeit. Also: Her mit dem guten Schlaf!

Eine gute Nachtruhe ist der beste Weg, um etwas im Gedächtnis zu behalten – das ist inzwischen wissenschaftlich erwiesen. Schlaf hilft, Erinnerungen zu festigen. Umgekehrt beeinträchtigt ein Schlafentzug unsere Lernfähigkeit. Vor allem der Tiefschlaf ist wichtig, um sich etwa Lernstoff für die Schule zu merken.

Zeitbeständige Erinnerungen

Wir wissen mittlerweile auch, dass der Mensch vor dem Schlaf seine Erinnerungen aus dem Hippocampus bezieht, dem »Lager« für das kurzfristige Gedächtnis. Im Schlaf werden die Erinnerungen im Neokortex, dem Langzeitspeicher, abgespeichert und von dort aus abgerufen. Sogar eine kurze Siesta von 20 Minuten tagsüber kann Erinnerungen festigen, solange die Phase des Tiefschlafs genügend lange andauert.

Schlaf und Lernen

Zurzeit arbeiten Unternehmen daran, Geräte auf den Markt zu bringen, die die langsamen Gehirnwellen stimulieren, um das Lernen zu fördern und sogar die altersbedingten Gedächtnisschäden zu verhindern. Bis solche experimentellen Projekte ihren Durchbruch haben, sollten Schüler:innen ihre Geografie-, Mathe- oder Französischlernstoffe am Abend vor dem Einschlafen noch einmal wiederholen.

Der Schlaf festigt die Erinnerung.

Aber: Im Schlaf kann man nicht lernen! Experimente mit Hypnopädie, einer Methode, bei der man sich beim Einschlafen aufgezeichnete Informationen anhört, haben sich bislang als unwirksam erwiesen (siehe S. 77, »Man kann im Schlaf lernen!«).

Verringerte Reaktionszeit

Schlafmangel wirkt sich auch auf die Konzentration und die Aufmerksamkeit aus. Ein müdes Gehirn verlängert die Reaktionszeit auf akustische oder visuelle Signale erheblich, was zu Unfällen führen kann, insbesondere im Straßenverkehr. Wenn das Schlafdefizit auf Schlaflosigkeit zurückzuführen ist, sollten Sie außerdem bestimmte Hypnotika wie Benzodiazepine meiden, da diese häufig zu Gedächtnisverlust führen.

Florence Heimburger

21

NUR FISCH IST GUT FÜRS GEDÄCHTNIS!

Wer Sardinen und andere fette Fische, die reich an Omega-3-Fettsäuren sind, isst, hat ein gut funktionierendes Gehirn und Gedächtnis. Aber reicht das aus?

Ist die Sardine unsere engste Verbündete, wenn es darum geht, unser Gedächtnis zu verbessern? Ja, denn Sardinen gehören zu den Nahrungsmitteln, die reich an mehrfach ungesättigten Omega-3-Fettsäuren sind, die sich nachweislich positiv auf die Gehirnentwicklung und die kognitiven Fähigkeiten auswirken. Diese Fettsäuren sind in fettem Fisch wie Lachs, Thunfisch, Hering, Sardinen und Makrele enthalten. Dennoch greift die Vorstellung, dass eine Omega-3-Kur oder der tägliche Verzehr von Fisch ausreicht, um unser Gedächtnis zu fördern, zu kurz. Denn obwohl unser Gehirn hauptsächlich aus Fett besteht, benötigt es viel Energie und Blutzufuhr, um zu funktionieren.

Stärkehaltige Lebensmittel und Hülsenfrüchte

Es gibt drei Hauptfaktoren, auf die man achten muss: der Fettgehalt der Nahrungsmittel, ihr Zuckergehalt und die Verbesserung der Durchblutung der Blutgefäße. Das Gehirn braucht 120 Gramm Glukose pro Tag, um seinen Energiebedarf zu decken, wobei die Glukose aus unserer Nahrung und den Leberreserven stammt. Deshalb wird empfohlen, zu jeder Mahlzeit stärkehaltige Produkte mit einem niedrigen glykämischen Index (Getreide, Brot, Vollkornnudeln und -reis, Bananen) und Hülsenfrüchte (Linsen, Kichererbsen, Bohnen) zu essen.

Um seinen Energiebedarf zu decken, benötigt das Gehirn 120 Gramm Glukose pro Tag, die aus unserer Nahrung und den Leberreserven stammt.

Auch Eier sind zu empfehlen. Eigelb ist sehr reich an Cholin, einem wichtigen Mikronährstoff, der unter anderem dafür verantwortlich ist, dass die kognitiven Funktionen reibungslos ablaufen.

Nitritoxid

Ein weiteres interessantes Nahrungsmittel ist die Rote Bete. Dieses Wurzelgemüse enthält Nitrate, die beim Kauen durch den Speichel in Nitrit umgewandelt werden. Im Darm werden sie in Nitritoxid (NO) umgewandelt, das bei der Erweiterung der Blutgefäße eine Rolle spielt. Der Verzehr von Rote Bete trägt also zu einer guten Durchblutung des Gehirns bei, was sich positiv auf die kognitiven Fähigkeiten auswirkt, da es die Erweiterung der Hirnarterien fördert.

Auch bestimmte Spurenelemente wie Zink, Selen, Magnesium, Kalium und Kupfer schützen vor Abnutzung und Alterung des Gehirns.

Eine abwechslungsreiche und ausgewogene Ernährung ist daher die beste Garantie für ein gut funktionierendes Gehirn. Außerdem ist ausreichend Schlaf wichtig, um das Gedächtnis zu stärken.

Alexandrine Civard-Racinais

22

WIR NUTZEN NUR ZEHN PROZENT UNSERES GEHIRNS

Diese Legende hält sich hartnäckig! Sie ist jedoch völlig falsch: Unsere täglichen Aktivitäten beanspruchen unser gesamtes Gehirn – und es arbeitet sogar nachts.

Der Mythos, dass wir nur zehn Prozent unseres Gehirns nutzen, würde bedeuten, dass wir über ein Potenzial verfügen, das unsere Intelligenz um das Zehnfache übersteigt. Er geht auf die Arbeiten des Harvard-Psychologen William James Ende des 19. Jahrhunderts zurück. Er untersuchte unsere geistigen Funktionen und machte darauf aufmerksam, dass unsere intellektuellen Fähigkeiten verbesserungswürdig seien. Nach ihm entdeckte der Biologe und Psychologe Karl Lashley, dass Ratten Erinnerungen in der gesamten Großhirnrinde speichern. Er zeigte, dass sie selbst nach dem Verlust von 58 Prozent dieses Gehirnbereichs noch in der Lage waren, einfache Lernvorgänge auszuführen. Dennoch ist die These von den 90 Prozent des Gehirns, die nicht genutzt werden, nach heutigem Wissensstand nicht haltbar: Wenn dies der Fall wäre, dürfte die Schädigung von Hirnarealen ihre Funktion nicht beeinträchtigen, und es gibt kein Hirnareal, dessen Schädigung keine Folgen hat.

Hey, ho. Immer langsam mit den jungen Pferden.
Wozu die Eile, wenn man alles auch gaaanz langsam angehen kann?
RELAX

Neuronale Plastizität

Technologien wie die Positronen-Emissions-Tomografie (PET) und die funktionelle Magnetresonanztomografie (fMRT) zeigen, dass jeder Teil des Gehirns zumindest teilweise aktiv ist, sogar im Schlaf. Alle Bereiche haben eine Funktion, sei es eine auditive, visuelle, olfaktorische, taktile, somatosensorische, kognitive, exekutive oder motorische. Auch die Szintigrafie des Gehirns zeigt, dass es keinen Bereich gibt, in dem die Zellen inaktiv sind. Schließlich benötigt das Gehirn 20 Prozent unserer Energie, obwohl es nur zwei Prozent unserer Körpermasse ausmacht. Das zeigt, wie aktiv es ist!

Unsere Gehirnfähigkeiten sind nicht starr, sie können sich ständig weiterentwickeln. Neuere Entdeckungen zeigen, dass unser Gehirn plastisch ist: Wir könnten ständig weitere Verbindungen aufbauen und sogar neue Neuronen bilden.

Florence Heimburger

23

MAN KANN IM SCHLAF LERNEN!

Wer hat nicht schon einmal davon geträumt, eine Fremdsprache oder die wichtigsten Daten des Zweiten Weltkriegs im Schlaf zu lernen? Aber kann dieser Traum wirklich wahr werden?

Die in den späten 1950er-Jahren entwickelte Hypnopädie – die Fähigkeit, im Schlaf zu lernen – hat sich leider nie bewährt. Zwar kann unser Gehirn im Schlaf weiterhin Geräusche wahrnehmen, aber es reicht nicht, etwas zu hören, um zu lernen.

Das Gehirn hört, lernt aber nicht

Eine am 6. August 2018 in der Zeitschrift *Scientific Reports* veröffentlichte Studie einer Forschergruppe der Freien Universität Brüssel hat gezeigt, dass die Fähigkeit, diese Klänge entsprechend ihrer Organisation in einer Sequenz zu gruppieren, nur im Wachzustand vorhanden ist und während des Schlafs vollständig verloren geht.[20]

Die Lernfähigkeit des schlafenden Gehirns beschränkt sich also auf sehr einfache Assoziationen. »Unsere Schlussfolgerung zurzeit ist, dass wir im Schlaf keine komplexen Assoziationen verarbeiten und somit nicht lernen können«, sagt Philippe Peigneux, Professor an der Fakultät für Psychologie und Erziehungswissenschaften der ULB und Supervisor der Studie.[21] Die Ergebnisse einer israelischen Studie, die 2017 veröffentlicht wurde und sich mit komplexen sprachlichen Strukturen befasst, weisen in die gleiche Richtung.[22]

Wenn Schlaf erholsam ist

Während die Hypnopädie sich noch nicht bewährt hat, ist Schlaf hingegen hilfreich, damit sich Gelerntes festsetzt. Man weiß heute, dass die Tiefschlafphase wichtig ist, um die Lernfähigkeit des Gehirns zu erhalten, und dass sie auch dazu dient, das deklarative Gedächtnis zu festigen und zu erweitern. Der REM-Schlaf spielt die gleiche Rolle für das prozedurale Gedächtnis, das sich auf unsere Fähigkeiten bezieht.

Experimente haben gezeigt, dass Mikroschlafphasen nach dem Lernen die Gedächtniskonsolidierung verbessern können. Umgekehrt führt langfristiger Schlafentzug zu Hirnfunktionsstörungen. Um gut zu lernen, ist es also am besten, auf einen guten Schlaf zu achten, der nicht gestört oder übermäßig gereizt wird.

Alexandrine Civard-Racinais

24

EIN GROSSES GEHIRN STEHT FÜR EINE HOHE INTELLIGENZ

Lange Zeit wurde angenommen, dass die Größe unseres Gehirns einen Hinweis auf unsere Intelligenz gibt. Aber wie sieht es wirklich aus?

1400 cm³: Das ist das durchschnittliche Volumen unseres Gehirns. Kein Grund zur Selbstverherrlichung, wenn man bedenkt, dass das Gehirn des Neandertalers 1520 cm³ betrug. Es sieht so aus, als sei unser Gehirn geschrumpft!

Kein Grund zur Überheblichkeit

Das ergab eine Studie, die 2011 von Antoine Balzeau (CNRS/MNHN) und Dominique Grimaud-Hervé (MNHN) durchgeführt wurde.[23] Die Forschenden verglichen 102 Schädel von heute lebenden Menschen mit 15 Homo-sapiens-Fossilien aus der Zeit vor 30 000 Jahren (darunter auch Cro-Magnon-Menschen).[24] Sie stellten fest, dass das Gehirn des modernen Menschen kleiner ist als das von Cro-Magnon-Menschen. In den letzten 30 000 Jahren hat sich das Volumen unseres Gehirns verringert und seine Form verändert.

»Das zeigt die anatomische Plastizität des Gehirns beim Homo sapiens, aber auch, wie komplex die Beziehungen zwischen der Größe und Form des Gehirns und den kognitiven Fähigkeiten sind«, sagt der Paläoanthropologe Antoine Balzeau.[25] Heute sind sich die meisten Wissenschaftler:innen einig, dass die Größe des Gehirns keinen Einfluss auf die intellektuellen Fähigkeiten eines Menschen hat, es sei denn, es handelt sich um pathologische Fälle wie Mikrozephalie.

Die Größe des Gehirns hat keinen Einfluss auf die intellektuellen Fähigkeiten eines Menschen.

Der Blob, ein Genie ohne Gehirn

Neuere Forschungen im Bereich der Ethologie beweisen sogar, dass man kein Gehirn braucht, um intelligent zu sein! Die Arbeit von Audrey Dussutour über die Schleimpilz-Art *Physarum polycephalum* (alias »der Blob«)[26], belegt dies, denn dieser einzellige Organismus ohne Gehirn ist in der Lage, aus seinen Erfahrungen zu lernen, was eines der Merkmale von Intelligenz ist.[27]

»Noch bemerkenswerter ist, dass dieses Gehirngenie Informationen an einen Artgenossen weitergeben kann, indem es mit ihm verschmilzt. 2019 konnten wir auch zeigen, dass der Blob seine Lernerfolge ein Jahr lang speichern kann«, staunt die Verhaltensforscherin Audrey Dussutour.[28] »Als Ethologin interessiere ich mich dafür, wie sich diese Fähigkeiten im Lauf der Evolution entwickelt haben. Diese Forschung kann uns Antworten auf die Frage nach den Ursprüngen der Intelligenz geben.« Und eine Übung in Demut sein.

Alexandrine Civard-Racinais

25

DASS LINKSHÄNDER:INNEN GENIES SIND, LIEGT AN IHREM GEHIRN

Leonardo da Vinci, Beethoven, Barack Obama und Diego Maradona gelten als Genies. Alle vier sind Linkshänder, also ist ihr Gehirn anders organisiert als das von Menschen, die mit der rechten Hand schreiben. Aber ist das bewiesen?

Das menschliche Gehirn besteht aus zwei Hälften, die bei der Verarbeitung von Informationen jeweils eine eigene Rolle spielen. Die rechte Hälfte, die die linke Hand steuert, ist vor allem an der visuellen Darstellung des Raumes beteiligt. Die linke Hälfte, die die rechte Hand steuert, ist für ihre Dominanz im Bereich der Sprache (Schreiben und Sprechen) oder der Entscheidungsfindung bekannt.

Linkshänder:innen sind nicht das Gegenteil von Rechtshänder:innen

Bedeutet es, dass die acht bis zehn Prozent der Weltbevölkerung, die sich bevorzugt der linken Hand bedienen, auch bevorzugt ihre rechte Gehirnhälfte benutzen? Oder dass ihr Gehirn »spiegelverkehrt« ist? Die 2015 von einer Forschungsgruppe zur neurofunktionalen Bildgebung durchgeführten Arbeiten zeigen, dass zwar 94 Prozent der Rechtshänder:innen eine linkshemisphärische Spezialisierung auf sprachliche Aufgaben aufweisen, dies aber auch bei 84 Prozent der Linkshänder:innen der Fall ist.[29]

Das oratorische Genie eines Barack Obama hat nichts damit zu tun, dass er seine Reden mit der linken Hand schreibt.

Ob Links- oder Rechtshänder:in, die Sprache entsteht also eher in unserer linken Gehirnhälfte. Das oratorische Genie eines Barack Obama hängt also nicht damit zusammen, dass er seine Reden mit der linken Hand verfasst.

Mehr Verbindungen bei den Linkshänder:innen

Auch wenn bestimmte Fähigkeiten in bestimmten Regionen einer der beiden Gehirnhälften lokalisiert sein können, sind sie miteinander verbunden und kommunizieren ständig miteinander. Das Corpus callosum, das aus durchschnittlich 200 Millionen Nervenfasern besteht, stellt die Verbindung zwischen ihnen her.

Bei Linkshänder:innen ist das Volumen des Corpus callosum größer, was bedeutet, dass auch die Austauschdichte zwischen den beiden Gehirnhälften höher ist. Das erklärt jedoch nicht das

Genie der vier oben erwähnten Linkshänder und der begabtesten Linkshänderinnen und Linkshänder. Nur eines ist sicher: Linkshänder:innen, die lange Zeit verachtet oder sogar schikaniert wurden und nun bewundert oder sogar beneidet werden, werfen immer wieder Fragen auf.

Alexandrine Civard-Racinais

MATHE & PHYSIK

26

MATHE IST LANGWEILIG

Wir haben uns während der gesamten Schulzeit mit Mathematik gequält, und da wir nicht viel davon verstanden haben, haben wir uns immer gefragt, wozu sie gut sein soll. Mathe ist sooo langweilig ... Wirklich?

Wenn jemand erzählt, dass alle Menschen Mathe mögen, werden wir es vermutlich nicht glauben. Natürlich findet die Mehrheit Mathe langweilig, was auch eine andere Art ist zu sagen, dass sie nicht gut in Mathe ist. Die Klügeren sagen vielleicht, dass sie so lange nichts mit Mathematik zu tun haben wollen, bis sie verstanden haben, wozu sie gut ist. Kurz gesagt, es ist immer die Schuld der Lehrerschaft, wenn man Mathe nicht mag und schlecht darin ist. Diese Erkenntnis ist einfacher nachzuvollziehen als der Satz des Pythagoras.

Die Poesie der Mathematik

Es ist schwer, in der Mathematik eine Poesie zu erkennen, die die Masse der Schüler:innen auch erreicht. Dennoch schreibt Cédric Villani, der französische Fields-Medaille-Gewinner, in seinem Buch *Das lebendige Theorem*, dass er im Grunde mit der

Zeit gegangen sei: Während die Kinder aufgeregt ihre Weihnachtsgeschenke auspackten, hänge er Exponenten an Funktionen auf wie Kugeln an Tannenbäumen und reihe Fakultäten wie umgedrehte Kerzen aneinander.

Das Niveau der französischen Schüler:innen ist in Mathematik niedrig. Laut einer Umfrage der Statistikbehörde des französischen Bildungsministeriums haben 54 Prozent schlechte Mathematikkenntnisse. Schon die erweiterten Regeln der Subtraktion werden von einem/einer von vier Schüler:innen nicht beherrscht. Bei Begriffen wie Fakultäten, Exponenten, Funktionen sind sie endgültig verloren. Dabei ist gerade das das Interessante an der Mathematik! Wir müssen die Langeweile bekämpfen, denn die Mathematik ist überall um uns herum!

Spaß an der Mathematik

Viele Mathematiklehrende und -forschende beteiligen sich daher an pädagogischen Experimenten oder engagieren sich in Vereinen, um zu vermitteln, dass Mathematik tatsächlich auch Freude machen kann. Diese Unterstützung verleiht ihrem Fach einen Sinn, und genau das braucht es, denn Frankreich bildet im europäischen Vergleich das Schlusslicht in der Mathematik. In einer Studie von 2017 heißt es: »Wenn es darum geht, Lösungen zu finden, um den Schüler:innen das Mathematiklernen zu erleichtern, bevorzugen die Französ:innen konkretere Methoden (65 Prozent), Beispiele und Konkretes, um das Abstrakte zu verstehen.[30]

Obwohl jede:r zweite Befragte eine negative Erinnerung an den Matheunterricht hat (»Stress«, »schwierig«, »entmutigend«), bleibt Mathematik nach Französisch das zweitbeliebteste Fach, sodass es durchaus möglich ist, das Niveau anzuheben und alle anzusprechen. Es gibt verschiedene Lösungsansätze: noch mehr aktive Pädagogik im Klassenzimmer, die Singapur-Methode, eine bessere Ausbildung der Grundschullehrer:innen oder eine Überarbeitung der Ziele. Die Mathematik soll spannender werden, damit sich niemand mehr im Unterricht langweilt.

Alexandre Marsat

27

WISSENSCHAFTLER:INNEN SIND IMMER GUT IN MATHE!

Muss man unbedingt mathematisch begabt sein, um eine Karriere in der Wissenschaft anzustreben? Nein, weit gefehlt!

Aber zunächst einmal müssen wir uns fragen, was ein:e Wissenschaftler:in überhaupt ist. Für Jacques-Yves Cousteau ist es »ein neugieriger Mensch, der durch ein Schlüsselloch, das Schlüsselloch der Natur, schaut und versucht herauszufinden, was vor sich geht«. Der Nobelpreisträger für Physik Georges Charpak ergänzt: »Es ist eine Person, der es Spaß macht, mehr über die Natur zu erfahren. Die sich nicht damit zufriedengibt, nur in ihrer Furche zu graben und das umliegende Feld völlig zu ignorieren. Es ist jemand, der wissen will.« Für Maria Montessori ist es eine Person, die im Lichte der Erfahrung den Weg zu den tiefen Wahrheiten entdeckt hat; die einige Schleier und faszinierende Geheimnisse lüftet.

Mehr als die Beherrschung der Mathematik ist es eine Geisteshaltung, eine gewisse Neugier, die Wissenschaftler:innen definiert.

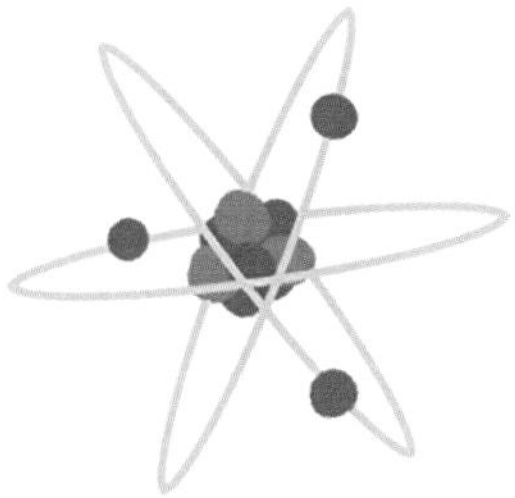

Verschiedene Disziplinen

Man unterscheidet zwischen verschiedenen Arten von Wissenschaften. Zunächst einmal gibt es formale Wissenschaften wie Mathematik und Logik, die auf Axiomen und Schlussfolgerungen beruhen und nicht durch Experimente überprüft werden. Es gibt auch experimentelle oder empirische Wissenschaften wie Physik, Chemie, Biologie, Medizin, die versuchen, mithilfe der Mathematik, »Gesetze« oder konstante Zusammenhänge zur Beschreibung der Beziehungen zwischen verschiedenen Phänomenen zu finden, und deren Studien durch experimentelle Kontrollen bestätigt werden. Schließlich gibt es noch die geisteswissenschaftlichen Fächer wie Psychologie, Soziologie, Geschichte, Linguistik und Politikwissenschaften, in denen die Mathematik kaum eine Rolle spielt.

Also: Mathematik oder keine Mathematik? Das ist die Frage! Die Antwort hängt vom Fachgebiet ab! Mathematik in all ihren Formen (Arithmetik, Geometrie, Algebra, Analysis, Statistik und Wahrscheinlichkeitsrechnung) ist sehr nützlich für Physiker:innen und Chemiker:innen, etwa in der Astrophysik, Mechanik und Thermodynamik. Geisteswissenschaftler:innen (Literaturwissenschaft, Linguistik, Geschichte, Soziologie) verwenden sie seltener.

Mathematik und Studium

Seit dem Schuljahr 2019 und der Schulreform in Frankreich kann Mathematik ab der 11. Klasse abgewählt werden. Mathe-Fans können sich darin »spezialisieren«, und diejenigen, die dieses Fach hassen, können es abwählen. Für diejenigen, die gut sind, aber nicht hervorragend, ist diese Wahl schwierig. Aber Vorsicht: Mathematik ist für viele Studiengänge zwar keine notwendige Voraussetzung, aber das Gegenteil ist auch der Fall, da fürs Ingenieurwesen und die Medizin gute Mathematikkenntnisse vorausgesetzt werden.

Florence Heimburger

28

DER AKKU MUSS VOR DEM AUFLADEN VOLLSTÄNDIG ENTLADEN WERDEN

Oft hört man, man müsse den Akku seiner elektronischen Geräte erst einmal komplett entladen, bevor man ihn wieder auflädt, um die Lebensdauer des Geräts nicht zu beeinträchtigen. Für die heutigen Akkus gilt das jedoch nicht mehr.

Diese hartnäckige Aufforderung stammt noch aus einer Zeit, in der elektronische Geräte (Computer und Mobiltelefone, Tablet-PCs, Elektrofahrräder, Kameras) mit Nickel-Kadmium- oder Nickel-Metallhydrid-Akkus ausgestattet waren. In diesen alten Akkus bildeten sich aufgrund von Sekundärreaktionen parasitäre unumkehrbare chemische Reaktionen, die nach und nach die Leistung der Batterie verschlechterten. Dieses Phänomen wird als Memory-Effekt bezeichnet und konnte durch eine komplette Entladung und eine anschließende vollständige Wiederaufladung behoben werden.

Lithium-Ionen-Akkus

Mit dem Aufkommen der Lithium-Ionen-Akkus, die heute am häufigsten verwendet werden, gibt es keinen Memory-Effekt mehr! Man muss also nicht mehr warten, bis der Akku fast vollständig entladen ist, um ihn wieder aufzuladen. Es ist sogar ratsam, ihn öfter kurz aufzuladen. Diese neuen Akkus sind leichter, kleiner, halten länger, lassen sich schneller aufladen, entladen sich kaum selbst und verschmutzen die Umwelt weniger als die alten.

Explosionsrisiko?

Es ist jedoch auch Vorsicht geboten: Es gab Fälle von Überhitzung, die zu Explosionen oder Bränden geführt haben. Lithium ist leicht entflammbar und reagiert auf Temperaturen über 45 Grad. Die Internationale Zivilluftfahrtorganisation (ICAO) verbot den Fluggesellschaften im Jahr 2016 sogar vorübergehend, Lithium-Ionen-Batterien im Frachtraum ihrer Passagierflugzeuge zu transportieren, bis 2018 neue Verpackungsstandards entwickelt wurden.

Heutzutage kann man das Risiko einer Explosion (von defekten Akkus) verringern, indem man einige Vorsichtsmaßnahmen ergreift: Lassen Sie das Gerät nicht in der prallen Sonne hinter einer Glasscheibe oder im Auto liegen, verwenden Sie das Original-Ladegerät (und nicht ein anderes, minderwertiges oder gar gefälschtes) und laden Sie den Laptop am besten auf, wenn er ausgeschaltet ist.

Richtige Entsorgung

Und schließlich sollten Sie Ihre Akkus nicht in den Müll werfen, wenn sie nicht mehr gebraucht werden. Sie enthalten nämlich eine Reihe von chemischen Substanzen, die für die Umwelt schädlich sind.

Florence Heimburger

29

FRAUEN KÖNNEN KEIN MATHE

Alle Beobachtungen zeigen, dass Mädchen nicht gut in Mathe sind ... Wirklich? Die Wissenschaft zeigt uns, wie stark sich die Vorurteile in den sogenannten »männlichen« Fächern halten.

Aber natürlich sind Mädchen schlecht in Mathe! Das ist allgemein bekannt. Wie viele Frauen wurden mit der Fields-Medaille, dem Äquivalent zum Nobelpreis für Mathematik, ausgezeichnet? Eine einzige, im Jahr 2014. Haben sie die besten Noten im Matheunterricht? Wie viele Frauen machen eine Karriere in der Wissenschaft? Es gibt viele statistische Beispiele, die beweisen sollen, dass Frauen in Mathematik schlecht sind. Aber gibt es dem wirklich nichts hinzuzufügen?

Bevor Sie dem Autor dieser Zeilen an die Gurgel gehen, atmen Sie tief durch und lesen Sie weiter. Je öfter man sagt, dass Mädchen schlecht in Mathe sind, desto schlechter sind sie ... Es handelt sich hierbei um ein soziales Stereotyp, und das ist das stärkste von allen. Das heißt, dass Frauen, die – oft unbewusst – aufgrund der allgemeinen Sichtweise davon überzeugt sind, dass Mathematik nichts für sie ist, mathelastige Studiengänge meiden. So kann es sein, dass sie bei einem mathematischen und allgemein wissenschaftlichen Problem versagen,

Hypatia
Mathematikerin und Astronomin. Sie leitete die neuplatonische Schule in Alexandria.
Wiederhole ein bisschen, damit …
Emmy Noether
Mathematikerin, die das Noether-Theorem formuliert hat. Einstein bezeichnete sie als Genie.
… damit dein Kopf zum Quadrat wird.
Katherine Johnson
Mathematikerin und Ingenieurin bei der NASA. Dank der Zuverläs-sigkeit ihrer Berechnungen gelang die Reise zum Mond.
Ada Lovelace
Mathematikerin und erste Programmiererin.

weil sie dieses Vorurteil in ihrer mentalen Konstruktion verankert haben, ohne sich dessen bewusst zu sein.

Geometrie oder Zeichnen?

Zwei Forschende der experimentellen Sozialpsychologie versuchten dies in dem folgenden Experiment zu beweisen. Pascal Huguet und Isabelle Régner stellten Jungen und Mädchen (aus den Klassen 5 und 6) vor eine Aufgabe. Wenn man den Mädchen sagte, dass es sich um Geometrie handelte, fielen sie durch, wenn man ihnen allerdings die Aufgaben als Zeichnen präsentierte, konnten sie diese lösen. Bei den Jungen war es genau andersherum.

Hier haben wir es mit etwas zu tun, das zwei Forscher der Stanford University, Claude Steele und Joshua Aronson, als Stereotype Threat (Bedrohung durch Stereotype) bezeichnet haben: eine Art Hindernis, das durch ein weit verbreitetes Vorurteil über eine Gruppe entsteht. Die Person, die diesem Vorurteil zum Opfer fällt, leidet unter der Angst zu versagen, was dazu führt, dass sie auch versagt. Das hat nichts mit ihren Fähigkeiten zu tun.

Die Macht der Vorurteile

Um gegen die überzeugtesten Sexisten zu argumentieren, braucht man immer noch unwiderlegbare wissenschaftliche Beweise mit Zahlen und Untersuchungen auf neuronaler Ebene. Pascal Huguet hat zusammen mit der Neurowissenschaftlerin Angela Sirigu die Großhirnrinde untersucht. Ist die Bedrohung durch Stereotype bei einer mathematischen Aufgabe präsent, ändert sich die Gehirnaktivität von Mädchen. Wenn man vor der Aufgabe formuliert: »Mädchen und Jungen sind gleich erfolgreich«, zeigt die Beobachtung der Gehirnaktivität von Jungen, dass ein Bereich aktiviert wird, der ein Problem, einen Widerspruch, kurzum etwas Ungewöhnliches, erkennt – die Kraft des Geschlechterstereotyps.

So sind an den Universitäten in den literarischen und geisteswissenschaftlichen Studiengängen 70 Prozent der Studierenden weiblich, während es in den naturwissenschaftlichen Studiengängen weniger als 40 Prozent sind. Die Bedrohung durch Stereotype ist groß. So erleben Mädchen, die (natürlich) die gleichen Fähigkeiten wie Jungen besitzen, oft eine Art Blockade oder sogar Ablehnung gegenüber der Mathematik. Da die erfolgreichsten Wissenschaftlerinnen immer noch unsichtbar sind, stagniert der Anteil der Frauen, die sich für naturwissenschaftliche Fächer entscheiden.

Alexandre Marsat

30

WIR KÖNNEN NICHT ÜBERS WASSER LAUFEN

Einige Tiere sind in der Lage, dieses Kunststück zu vollbringen. Aber der Mensch müsste schon außergewöhnliche Fähigkeiten besitzen, um es ihnen gleichzutun – außer er tut es auf dem Mond!

Sofern das Wasser nicht gefroren ist, scheint es trotz des Auftriebs nach dem archimedischen Prinzip[31] schwierig zu sein, wie Jesus übers Wasser zu laufen. Einige Tiere sind jedoch so ausgestattet, dass sie dieses Wunder vollbringen können. Dazu gehören Insekten, was vor allem an ihren sechs Beinen und dem geringen Gewicht liegt. Ein Beispiel ist der Gemeine Wasserläufer. Dieses Leichtgewicht – zwischen 10 und 20 Gramm schwer – hat sechs x-förmige Beine, die für eine gute Stabilisierung auf dem Wasser sorgen. Die Beine sind mit Tausenden feinen Härchen besetzt, die die Kontaktfläche mit dem Wasser erheblich vergrößern.

Aber das reicht nicht aus! Entscheidend ist auch das Wasser mit seiner berühmten Oberflächenspannung: In seinem Inneren sind alle Moleküle von ihren Artgenossen umschlossen. An der Oberfläche jedoch sind die Moleküle nur an den Seiten und unterhalb der Oberfläche mit ihren Artgenossen verbunden. Daher können sie in der horizontalen Ebene mehr Energie mobilisieren als anderswo. Es bildet sich dann eine Art dünner Film auf der Oberfläche, der widerstandsfähiger ist als der Rest der Flüssigkeit.

Wasserabweisende Substanz

Einige Sechsfüßer wie der Wasserläufer sondern eine hydrophobe Substanz an den Beinen ab, die wie ein Öl wirkt und Wasser abstößt, es verformt, aber nicht aufbricht. Die topografische Vertiefung führt aufgrund der Oberflächenspannung des Wassers zu einem Überdruck, der es ermöglicht, das leichte Tier zu tragen.

Könnte sich der Mensch nicht von diesen Tieren inspirieren lassen? Wenn nur die Schwerkraft geringer wäre …

Schwerere Tiere, wie etwa der Stirnlappenbasilisk, müssen über das Wasser rennen, um nicht unterzugehen. Diese Echse hat Schwimmhäute an den Hinterbeinen, die es ihr ermöglichen, Luftkissen zu bilden, auf die sie sich stützen kann, ohne herabzusinken – vorausgesetzt, sie hört nicht auf zu strampeln!

Mondjogging?

Könnte sich der Mensch von diesen Tieren inspirieren lassen? Wenn die Schwerkraft geringer wäre, wäre das möglich. Forschende zeigten 2012, dass ein Mensch auf dem Mond mit Schwimmflossen über die Wasseroberfläche laufen könnte.[32] Die Schwerkraft beträgt dort 1,622 m/s^2 im Vergleich zu 9,8 m/s^2 auf der Erde. Auf dem Mond sind wir also fast sechsmal leichter.

Nennt mich Jesus!
Kleine Härchen am Ende der Beine.
Öltropfen, der am Ende der Beine abgesondert wird.

Auf unserem blauen Planeten hingegen zeigen Berechnungen, dass man so schnell wie Usain Bolt (37,58 km/h!) laufen und Füße von jeweils einem halben Quadratmeter haben müsste (ein Bodyboard an jedem Bein!). Mit normalen Füßen müsste man die unwahrscheinliche Geschwindigkeit von 110 km/h erreichen!

Florence Heimburger

31

WOLKEN BESTEHEN AUS WASSERDAMPF

Wolken entstehen zwar aus Wasserdampf, bestehen aber aus Wassertröpfchen oder Eiskristallen, sonst könnten wir sie nicht sehen!

Wegen ihres wattebauschartigen Aussehens könnte man denken, Wolken bestünden aus Wasserdampf. Da Wasserdampf ein unsichtbares Gas ist, könnten wir die Wolken aber nicht sehen, wenn sie nur aus gasförmigem Wasser bestünden.

Sie bilden sich allerdings aus Wasserdampf, der durch Verdunstung von der Land- und Wasseroberfläche sowie durch Evapotranspiration aus der Biosphäre entsteht. In höheren Lagen, wo der Luftdruck und die Temperaturen sinken, kondensiert dieser Dampf um feste Partikel herum (Meersalzkristalle, Sandkörner, Staub, Verschmutzung) und verwandelt sich in winzige Wassertröpfchen oder Eiskristalle. Der Wind treibt sie an, sie sammeln sich und bilden Wolken.

Wasser verwandelt sich

Wenn die Tröpfchen und Kristalle zu schwer werden, um von der Luft getragen zu werden, fallen sie herab, und je nach Temperatur regnet, schneit oder hagelt es dann. Dieser Niederschlag fließt in die Ebenen und speist das Grundwasser.

Das ist der Wasserkreislauf – der Weg zwischen den großen Reservoirs für flüssiges, gefrorenes oder dampfförmiges Wasser auf der Erde: Ozeane, Atmosphäre, Seen, Flüsse, Grundwasser und Gletscher.

Die Erde hat eine begrenzte Menge an Wasser, das ständig recycelt wird.

Die Erde hat eine begrenzte Menge an Wasser, das ständig recycelt wird. Wasser geht nicht verloren und wird nicht neu gewonnen. Die Sonnenenergie bewirkt, dass es nur seinen Aggregatzustand ändert (fest, flüssig, gasförmig).

Eiskristalle

Die Zusammensetzung der Wolken unterscheidet sich je nach Art und Höhe der Wolken. So bestehen Cirrus, Cirrostratus und Cirrocumulus, Wolken, die zur sogenannten »oberen« Stufe der Troposphäre gehören (dem unteren Teil der Atmosphäre, deren Höhe bis 15 Kilometer reicht) und sich oberhalb von 5000 Metern bilden, hauptsächlich aus Eiskristallen.

Im Gegensatz dazu enthalten Nimbostratus, Stratokumulus und Stratus, die sich in einer Höhe von weniger als 2000 Metern in der »unteren« Schicht bilden, hauptsächlich Tröpfchen aus flüssigem Wasser und manchmal Eiskristalle und Schneeflocken, wenn die Temperatur niedrig genug ist.

Aber wenn Wolken nicht aus Wasserdampf gemacht sind,

wie kommt es dann, dass sie nicht hinunterfallen? Das liegt nicht daran, dass sie leichter als Luft sind, sondern dass sie in ein dynamisches atmosphärisches System eingebunden sind, das sie in der Höhe hält.

Florence Heimburger

32

EIN ELEKTROAUTO HAT EINE SCHLECHTERE ÖKO-BILANZ ALS EIN DIESEL!

Elektroautos sind nicht so umweltfreundlich, wie man denkt – das liest und hört man zumindest hier und da. Ist da wirklich etwas dran?

Zunächst müssen wir uns von der Vorstellung verabschieden, dass es »sauberere« Autos gibt, also solche, die weniger umweltschädlich sind als andere. Das »saubere Auto« gibt es nicht. »Die Herstellung eines Autos (egal, ob mit Verbrennungsmotor oder Elektroantrieb) bedeutet immer, dass natürliche Ressourcen abgebaut und verarbeitet werden müssen, und all das verursacht Energie- und Umweltkosten«, betont Marie Chéron, Mobilitätsexpertin der Stiftung für Mensch und Natur Nicolas-

Hulot und Koordinatorin einer Studie über die Umweltauswirkungen von Elektroautos.[33]

Weniger Treibhausgasemissionen

Doch die Auswirkungen der Produktion eines Elektroautos auf Klima und Umwelt sind weitaus geringer als bei anderen Fahrzeugen: »In Frankreich sind die Treibhausgasemissionen, die durch die Herstellung, den Gebrauch und das Ende der Lebensdauer eines Elektroautos verursacht werden, zwei- bis dreimal geringer als bei Benzin- und Dieselfahrzeugen.« Ein Elektroauto erzeugt zwar auch Feinstaub (etwa durch Reifenabrieb), dieser ist aber nicht vergleichbar mit den Emissionen der Konkurrenz.

Die Batterie ist ein Problem

Das Elektroauto ist jedoch nicht frei von Fehlern. 40 Prozent seines ökologischen Fußabdrucks sind mit der Herstellung seiner Batterien verbunden. Die Batterien enthalten Lithium, Kobalt und seltene Erden, deren Gewinnung und Verarbeitung besonders energieintensiv und umweltschädlich ist – und zwar nicht hierzulande. Die Herstellung der Batteriezellen, mit denen unsere Elektrofahrzeuge ausgestattet sind, wird derzeit nach Asien ausgelagert. Langfristig »möchte Europa die Produktion wieder nach Europa zurück verlagern, was ihre Umweltauswirkungen verringern dürfte«, betont Marie Chéron.

Die Nutzung reflektieren

Die Antwort auf dieses Problem besteht auch darin, in Frankreich »eine Kreislaufwirtschaft einzuführen, die von der Konzeption der Batterien (Ökodesign und Entwicklung neuer Chemikalien) über die Optimierung der Fahrzeugnutzung und die Wiederverwendung der Batterien bis zum Recycling reicht«. In der Zwischenzeit ist jede Person aufgefordert, über ihre Nutzung und die Folgen ihrer Entscheidungen nachzudenken. »Nutzt man sein Auto hauptsächlich für kurze Strecken, muss die Reichweite der Batterie nicht bei 600 Kilometern liegen. Denn je größer die Reichweite, desto größer die Batteriekapazität – das hat Auswirkungen auf die Umwelt.«

Was wäre, wenn jede und jeder von uns insgesamt das Auto tugendhafter und sparsamer nutzen würde?

Alexandrine Civard-Racinais

33

WENN DAS PACKEIS SCHMILZT, STEIGT DER MEERESSPIEGEL

Die globale Erderwärmung führt zu einem Anstieg des Meeresspiegels. Dieser ist jedoch nicht darauf zurückzuführen, dass das arktische Meereis schmilzt, wie man vielleicht annehmen könnte.

Seit 1992 bestätigen Satellitendaten, dass der Meeresspiegel steigt. Nach wissenschaftlichen Modellen könnte der Meeresspiegel aufgrund der globalen Erwärmung bis zum Jahr 2100 um ein bis drei Meter ansteigen, was vor allem auf zwei Ursachen zurückzuführen ist: das Schmelzen des Festlandeises (antarktische Polkappen, Alpen- und Andengletscher) und die Wärmeausdehnung des Wassers. Es hat jedoch nichts damit zu tun, dass die Eisberge schmelzen, die auf den Ozeanen schwimmen.

Die Erklärung: Das Packeis, das durch das Gefrieren von Meerwasser im Winter entsteht, befindet sich auf und größ-

tenteils im Wasser. Wenn es schmilzt, ändert dies nichts am Meeresspiegel. Wenn jedoch ein Gletscher schmilzt, also eine Fläche kontinentalen Eises auf dem Festland, die aus Schnee besteht, der sich über Jahrtausende angesammelt hat, wird das Wasser, das außerhalb der Ozeane gespeichert war, zu den Meeren geleitet. Das Volumen nimmt zu und das Meer steigt.

Antarktis: 90 Prozent des irdischen Eises

Um diese Phänomene zu veranschaulichen, ließ eine populärwissenschaftliche französische Fernsehsendung zwei über 150 Kilogramm schwere Eisblöcke schmelzen: Einer, der unter Wasser lag, stellte das Packeis dar, der andere, der auf Betonsteinen ruhte, die Eiskappe. Das Ergebnis: Wenn der Eisblock im Wasser schmilzt, bleibt der Wasserspiegel in der Wanne unverändert, während das Wasser steigt, wenn der Eisblock auf den Betonsteinen - dem „Festland" - taut.[34]

Wenn das gesamte Eis der Antarktis und das gesamte Eis Grönlands schmelzen, würde der Meeresspiegel um 70 Meter ansteigen!

Expert:innen schätzen, dass der Meeresspiegel um 70 Meter ansteigen würde, wenn das gesamte Eis der Antarktis - der weiße Kontinent am Südpol, der 90 Prozent der Eisfläche der Erde ausmacht - und das gesamte Eis Grönlands schmelzen würden.

Wärmeausdehnung

Ein weiterer wichtiger Faktor für den Anstieg des Wasserspiegels ist die Wärmeausdehnung. Wenn sich das Wasser erwärmt, dehnt es sich aus und nimmt ein größeres Volumen ein, wodurch der Wasserspiegel steigt.

Laut einem Sonderbericht des IPCC (Intergovernmental Panel on Climate Change) über die Ozeane und die Kryosphäre, der 2019 veröffentlicht wurde, könnte der Wasseranstieg bis zum Ende des Jahrhunderts 0,60 bis 1,10 Meter betragen, wenn die Treibhausgasemissionen weiterhin so stark ansteigen.

Florence Heimburger

34

DER ERDMANTEL BESTEHT AUS GESCHMOLZENEM MAGMA

Viele Kinder und Erwachsene denken, dass der Erdmantel, die mittlere Schale zwischen dem Erdkern und der Erdkruste, hauptsächlich aus flüssigem, geschmolzenem Magma besteht. Das ist aber falsch und die Erklärung folgt zugleich.

Fälschlicherweise wird oft angenommen, dass die Erde unter ihrer Oberfläche aus geschmolzenem Magma besteht, das auch Vulkanausbrüche verursacht. In Wirklichkeit ist unser Planet in der Tiefe zwar heiß, bleibt aber größtenteils fest, da der Druck dem Schmelzen von Materie entgegenwirkt (je tiefer, desto heißer, aber auch desto höher der Druck).

Wie und wo genau entsteht Magma? Magma entsteht im Erdmantel. Diese Schicht befindet sich zwischen der Erdkruste, die zwischen fünf (ozeanische Kruste) und 70 Kilometer (kontinentale Kruste) dick ist und dem Erdkern, der 2885 Kilometer in der Tiefe liegt. Der Erdmantel macht 82 Prozent des Volumens der Erde aus und besteht aus dem Gestein Peridotit. Er ist in zwei Teile gegliedert: den oberen Mantel (in einer Tiefe ab 5 bzw. 70 bis 700 Kilometern), der darüber liegt, und den unteren Mantel, der darunter liegt. Im oberen Mantel bildet sich in 100 Kilometern Tiefe stellenweise Magma, das durch eine Teilschmelze des Mantels in dieser Tiefe entsteht und aus geschmolzenem Gestein besteht. In dieser Tiefe schmilzt das unter Druck stehende Gestein punktuell und bildet Magmapakete, die mehrere Kubikkilometer groß sind. Die wichtigsten Gebiete mit partieller Kernschmelze sind ozeanische Rücken, Subduktionszonen und Hotspots.

Da das Magma wärmer und damit leichter als die Erdkruste ist, steigt es aufgrund des archimedischen Auftriebs durch Brüche, die den Durchtritt ermöglichen, nach oben.

Magma besteht aus Basalt, aber seine Zusammensetzung kann variieren. Auf seiner unterirdischen Reise und bevor es an die Oberfläche steigt und einen Vulkanausbruch auslöst, kann es sich über sehr lange Zeiträume in Magmakammern ansammeln, wo bestimmte physikalisch-chemische Phänomene seine Zusammensetzung verändern können.

Florence Heimburger[55]

35

BLITZE SCHLAGEN NIE ZWEIMAL AN DERSELBEN STELLE EIN

Bei Gewitter kann ich mich unter einen Baum oder in mein Haus flüchten, da besteht keine Gefahr ... Es gibt viele populäre Irrtümer über Gewitter und Blitze. Schaffen wir Klarheit, denn die Anzahl der Gewitter nimmt zu!

Blitze können sehr wohl mehrmals an derselben Stelle einschlagen. Der Pic du Midi in den Pyrenäen ist zum Beispiel ein Gebiet mit starken Blitzeinschlägen, ebenso wie der Eiffelturm, der durchschnittlich viermal im Jahr vom Blitz getroffen wird. Das liegt daran, dass »hohe Gebäude das lokale elektrische Feld verstärken, was man als Spitzenentladung bezeichnet, ein Prinzip, das bei Blitzableitern angewendet wird«, so Météorage, der Betreiber des französischen Blitzortungsnetzes.

Abwärts- und aufwärtsgerichtete Entladung

Météorage weist darauf hin, dass es Abwärtsblitze (von der Wolke zur Erde) und Aufwärtsblitze (vom Boden nach oben) gibt. Fast alle Blitze, die sich zwischen Wolke und Boden ereignen, entstehen in der Wolke (im Cumulonimbus) und breiten sich in Richtung Boden aus.

Bei einem Gewitter ist die Verstärkung der Spitzenentladung jedoch so groß, dass elektrische Entladungen in der Spitze des Gebäudes entstehen und sich in Richtung Wolke ausbreiten.

Wo schlägt der Blitz ein?

Einige Teile der Erde bleiben von Gewittern verschont, vor allem die Wüsten- und Polarregionen. Im südfranzösischen Nîmes schlagen die Blitze durchschnittlich 30-mal häufiger ein als in Quimper in der Bretagne.

Blitze werden von zwei Merkmalen angezogen: der Höhe und der Leitfähigkeit eines Objekts. Daher schlagen Blitze in höher gelegenen Gebieten, vorspringenden oder senkrechten Objekten (Kirchtürme, Bäume) und elektrisch leitenden Objekten (Metall) häufiger ein.

Aber Vorsicht: Blitze können auch dort einschlagen, wo man sie nicht erwartet, etwa in Gewässer. Bei der kleinsten dunklen Wolke am Himmel und vor allem bei Blitzen sollte man sich also in Sicherheit bringen und das Wasser verlassen, da es leitfähig ist. Und wie schützt man sich am besten? Indem man sich ruhig (ohne zu rennen) und ohne Regenschirm (der oft mit einer Metallspitze versehen ist) in ein Gebäude oder notfalls in ein Auto begibt, das in der Regel als faradayscher Käfig fungiert (eine Umzäunung, die vor elektrischen Störungen schützt). Zu Hause sollte man keine elektrischen Geräte benutzen, sondern alle Stecker ziehen, weder baden noch duschen und warten, bis das Gewitter vorbei ist.

Jedes Jahr erleiden in Frankreich etwa 100 Menschen einen Blitzschlag und 15 bis 25 sterben daran. Die Wahrscheinlichkeit, im Laufe seines Lebens vom Blitz getroffen zu werden, ist jedoch sehr gering: 1 zu 1 Million.

Florence Heimburger

36

DER SATZ DES PYTHAGORAS IST NACH SEINEM ENTDECKER BENANNT

Als Theoreme der Geometrie sind der Satz des Pythagoras und der Strahlensatz (der außerhalb des deutschsprachigen Raums Satz des Thales genannt wird) berühmt, aber haben die beiden Gelehrten, nach denen sie benannt sind, sie auch wirklich erfunden?

Bei Thales und Pythagoras erinnern wir uns alle wahrscheinlich vage an den Mathematikunterricht, als wir durch das Anwenden der gleichnamigen Sätze Geometrieaufgaben lösen mussten. Aber es kann gut sein, dass Thales und Pythagoras gar nicht die eigentlichen Urheber sind.

Wie hoch ist diese Pyramide?

Thales wurde um 625 v. Chr. geboren und zunächst durch den Seehandel reich, bevor er sich entschied, sich dem Studium der Naturwissenschaften zu widmen. Er begeisterte sich vor allem für Geometrie und Dreiecke und stellte Regeln für die Proportionalität zwischen den Seiten mehrerer »ähnlicher« Dreiecke auf, das heißt Dreiecke, die die gleiche Form, aber nicht die gleiche Größe haben – der berühmte Strahlensatz, angeblich durch Thales begründet.[36]

Die Ägypter waren begeistert, als Thales auf Einladung des Pharaos die Cheopspyramide besuchte und die Höhe der Pyramide berechnete (während die Ägypter, obwohl sie die Pyramide gebaut hatten, dazu nicht in der Lage waren), indem er den Schatten eines senkrecht gehaltenen Stabes (dessen Höhe bekannt war) und den Schatten der Pyramide zugrunde legte.

Pythagoras' Motto lautete: »Alles ist Zahl« eine wunderbare Vorwegnahme der Grundlagen der modernen Wissenschaft.

Thales hinterließ jedoch keine schriftlichen Aufzeichnungen über seine vielfältigen Forschungen. Es war der griechische, in Alexandria lebende Mathematiker Euklid, der um 300 v. Chr. seine Beobachtungen über die Proportionalität von Flächen, die von parallelen Geraden in Dreiecken mit einem gemeinsamen Scheitelpunkt begrenzt werden, demonstrierte und niederschrieb; dies ist die Grundlage der Trigonometrie.

Alles ist Zahl

Ist die Urheberschaft von Pythagoras weniger umstritten als die von Thales? Der vorsokratische Philosoph (geboren um 570 v. Chr.) hat den nach ihm benannten Satz zwar nicht erfunden, aber er hat ihn stark verbessert und der Welt zugänglich gemacht.[37] Er war jedoch der erste, der feststellte, dass physikalische Phänomene in mathematischer Sprache ausgedrückt werden können.

Leider sind uns keine Schriften dieses griechischen Gelehrten erhalten geblieben; die mathematischen Theorien, die seinen Namen tragen, waren bereits ein Jahrtausend vor seiner Lebzeit in China und im babylonischen Reich im Umlauf!

Florence Heimburger

37

DIE ARABISCHEN ZAHLEN WURDEN VON DEN ARABERN ERFUNDEN

Um es gleich vorwegzunehmen: Die Zahlen sind nicht arabisch, sondern indisch! Warum werden sie dann als arabisch bezeichnet?

0, 1, 2, 3, 4 … 9. Wer hat das Dezimalsystem erfunden, das wir heute täglich benutzen? Lange Zeit wurde angenommen, dass die Araber die Zahlen erfunden haben. In Wirklichkeit sind sie jedoch indischen Ursprungs. Der Vorläufer unseres Zahlensystems tauchte im 4. Jahrhundert v. Chr. in Indien mit den *Brahmi*-Ziffern auf.

Diese Zahlzeichen wurden von der arabisch-muslimischen Zivilisation übernommen, die sich von Indien über Nordafrika bis nach Spanien erstreckte. Dann haben sie sich in der ganzen Welt verbreitet, insbesondere durch den Mathematiker und Astronomen al-Chwarizmi (790 bis 850). Der usbekische Gelehrte, der in Bagdad lebte, beschrieb das dezimale Zahlensystem, das er bei den Indern beobachtet hatte, in seinem *Buch Über die Rechenverfahren durch Ergänzen und Ausgleichen*. Es trug zur Verbreitung dieses Zahlensystems im Nahen Osten und im Kalifat von Córdoba bei.

Der latinisierte Name des Mathematikers al-Chwarizmi ist der Ursprung des Wortes »Algorithmus« und der Titel eines seiner Bücher ist der Ursprung des Wortes »Algebra«. Außerdem stammt das Wort »Zahl«, das »Null« bedeutet, aus dem arabischen *sifr* (was »leer« bedeutet), das wiederum vom indischen *sunya* abstammt.

Von den römischen zu den arabischen Zahlen

Der Mathematiker und Astronom Gerbert d'Aurillac (940 bis 1003) soll sich mit indo-arabischen Zahlen vertraut gemacht haben. Als er um das Jahr 1000 unter dem Namen Silvester II. Papst wurde, machte der Wissenschaftler sie zum Standard in der christlichen Welt und nannte sie, da sie aus Córdoba stammten, arabische Zahlen. Andere wiederum behaupten, dass der italienische Mathematiker Leonardo Fibonacci (1175 bis 1250) die Verbreitung der arabischen Mathematik im Westen gefördert habe. Die beiden waren die Autoren der wichtigsten populärwissenschaftlichen Werke über die sogenannten arabischen Zahlen.

Nach und nach gelangten diese Zahlen in den mittelalterlichen Westen, es sollte aber Jahrhunderte dauern, bis sie sich durchsetzten. Langsam lösten sie die römischen Zahlen (I, V, X, L, C, D und M) ab, die sich nicht für Berechnungen eigneten, und wurden in der ganzen Welt übernommen: Sie ermöglichen eine sehr einfache Schreibweise im westlichen Dezimalsystem und erleichtern einfache Berechnungen mit großen Zahlen und komplexe Rechenarten.

Das von uns heute verwendete Schriftbild der Zahlen ist nicht die ursprüngliche Form, im Laufe der Jahrhunderte wurde sie verfeinert. Erst mit dem Aufschwung des Handels in der Renaissance wurde ein einheitliches System eingeführt.

Florence Heimburger

UMWELT & KLIMAWANDEL

38

FLEISCH ZU ESSEN, IST NATÜRLICH!

Es liege in unserer Natur, Fleisch zu essen, heißt es. Aber ist das auch gut für die Natur? Wenn man sich die Bedingungen ansieht, unter denen ein Steak produziert wird, ist das nicht so eindeutig.

1 Die Fleischproduktion trägt zur Erderwärmung bei

Laut der FAO (Ernährungs- und Landwirtschaftsorganisation der Vereinten Nationen) verursacht die gesamte Viehwirtschaft allein 14,5 Prozent der weltweiten Treibhausgasemissionen (THG). Damit steht die Viehzucht an der Spitze der Treibhausgasemissionen, noch vor dem Transportsektor. Die Rindfleischproduktion ist bei Weitem der größte Treibhausgasverursacher.[38]

In Frankreich geht die Hälfte der landwirtschaftlichen Treibhausgase auf die Viehzucht zurück. »Dabei handelt es sich hauptsächlich um Methan- und Stickstoffemissionen, die von den Nutztieren und dem Dung, der auf den Feldern als Dünger verwendet wird, erzeugt werden«, erklärt Caroline Faraldo, Leiterin der Abteilung Landwirtschaft und Ernährung der Stiftung Nicolas-Hulot. Hinzu kommen Kohlendioxidemissionen (CO_2), die durch den Energieverbrauch in der gesamten Nahrungslieferkette für Vieh verursacht werden. »Wenn wir die Treibhausgasemissionen, die von der Landwirtschaft stammen, wirklich halbieren wollen, müssen wir unseren Verbrauch von tierischen Produkten unbedingt senken.«

2 Die Fleischproduktion verbraucht mehr Wasser als jede andere Produktion

Die Tierhaltung verbraucht ebenfalls viel Land und Wasser. Laut FAO werden acht Prozent der weltweiten Wasserressourcen für die Produktion von Futtermitteln für Kühe, Ziegen, Schweine und Masthähnchen verwendet.

Eine 2012 veröffentlichte wissenschaftliche Studie zeigt, dass die Produktion von einem Kilogramm Schweinefleisch 2,5-mal mehr Wasser benötigt als der Anbau von Hülsenfrüchten, einer anderen möglichen Proteinquelle für den Menschen. Hülsenfrüchte könnten in Kombination mit Getreide Fleischprodukte vorteilhaft ersetzen.[39]

3 Unsere Ernährung muss dringend vegetarischer werden

Die Fleischproduktion hat so große Auswirkungen auf die Ökosysteme und das Klima, dass die Experten des IPCC in ihrem fünften Bericht (2015) bereits einen deutlichen Rückgang unseres Fleischkonsums gefordert haben. Diese Forderung wird heute von vielen Umweltverbänden unterstützt, die dazu aufrufen, »dass unsere Gerichte vegetarisch werden«, ein Trend, der bereits bei einem Teil der Bevölkerung zu beobachten ist. »Weniger, aber dafür besseres Fleisch zu essen, ist eine große Herausforderung, um unsere Auswirkungen auf die Umwelt zu verringern, und ein Öko-Engagement, das wir alle leisten können«, sagte Caroline Faraldo. Angesichts der zukünftigen Herausforderungen zählt jeder Biss!

Alexandrine Civard-Racinais

39

CHEMTRAILS – MYTHOS ODER WAHRHEIT?

Das ist der kondensierte Dampf, der aus den Triebwerken austritt. Er bildet die Wolken. Das passiert in großen Höhen und bei hoher Luftfeuchtigkeit. Das in der Luft enthaltene Wasser wird in Dampf umgewandelt, der in eine Luft, die minus 40 Grad beträgt, ausgestoßen wird. Der Dampf gefriert und die Kristalle bilden eine Wolke. Das ist ähnlich wie beim Ausatmen, wenn es sehr kalt ist.
kalte, feuchte Luft
warme Luft aus den Triebwerken
Aber warum entstehen bei manchen Flugzeugen Wolken und bei anderen nicht? Und warum bleiben manche Spuren länger bestehen?
Sie fliegen nicht alle auf derselben Höhe. Und dann gibt es Unterschiede beim Druck, der Temperatur und Feuchtigkeit.
Es gibt sehr viele rationale Gründe, um das zu erklären.
Dann sind diese Chemtrails-Geschichten einfach nur Bullshit?
Es gab wohl in der Vergangenheit ein paar militärische Operationen, die in diese Richtung gingen, aber es ist schon sehr übertrieben, davon auszugehen, dass es eine weltweite Verschwörung gibt, die darauf abzielt, die Bevölkerung zu kontrollieren – über Verkehrsflugzeuge …
Du hast recht, das ist übertrieben.
Aber, na ja, sie verpesten die Luft. Und dann gibt es noch die kleinen Flugzeuge, die in der Landwirtschaft eingesetzt werden, um Pestizide zu versprühen.
Ja, klar.
Aber man kann der Regierung keine Verschwörung unterstellen. Wir sind alle verantwortlich: Wir reisen mit dem Flugzeug, kaufen das billige Obst und Gemüse …
Bevor man so viel Energie verschwendet mit Angst vor solchen unbewiesenen Theorien …
… sollte man sich lieber darüber sorgen, wovor uns internationale Forschende seit Jahren warnen, meinst du nicht?
Das stimmt. Flugzeuge hin oder her, was das angeht, riskieren wir den großen Crash!

40

EINE VEGANE ERNÄHRUNG IST GUT FÜR DEN PLANETEN!

»Vegan zu leben, bedeutet auch, etwas für die Umwelt zu tun und gegen die globale Erwärmung zu kämpfen.« Ist diese Lebensentscheidung, so respektabel sie auch sein mag, wirklich so tugendhaft, wie sie scheint?

Der Veganismus ist nicht nur eine Ernährungs-, sondern auch eine Lebensweise. Denn Veganer:innen lehnen es nicht nur ab, tierische Produkte zu essen, sondern auch zu tragen – etwa Wolle oder Leder. Ihre Mahlzeiten sind daher frei von tierischen Proteinen, und sie behaupten, dass sie damit zur Reduzierung unseres CO_2- und Wasserfußabdrucks beitragen. Eine Studie, die am 17. September 2019 in der Zeitschrift *Global Environmental Change* veröffentlicht wurde, tendiert dazu, ihnen teilweise Recht zu geben.[40] Forschende der Johns Hopkins University modellierten die Auswirkungen von neun Ernährungsweisen (von vegan bis zu einem fleischlosen Tag pro Woche) auf 140 Länder, für die der Ernährungs- und Landwirtschaftsorganisation (FAO) im Zeitraum 2011 bis 2013 zuverlässige Daten zur Verfügung standen.

1 Vegan, aber nicht ausschließlich

Ihre Arbeit zeigt, dass die (theoretische) Einführung einer veganen Ernährung für die gesamte Bevölkerung den durchschnittlichen CO_2-Fußabdruck pro Kopf um 70 Prozent reduzieren würde und in 97 Prozent der untersuchten Länder die geringsten Treibhausgasemissionen verursachen würde. Aber auch andere Ernährungsweisen bieten »vergleichbare Umweltvorteile« in Bezug auf die Reduzierung des CO_2- oder Wasserfußabdrucks.

Das trifft auf Ernährungsweisen zu, die den Verzehr von Tieren beinhalten, die sich am unteren Ende der Nahrungskette befinden (kleine Fische wie Sardinen oder Heringe, Weichtiere oder Insekten).

2 Keine allgemeingültige Antwort

Andere Ernährungsweisen haben ebenfalls einen positiven Einfluss auf unseren CO_2-Fußabdruck, wie etwa eine zu zwei Dritteln vegane Ernährung (eine von drei Mahlzeiten mit Fleisch), eine vegetarische Ernährung (mit Eiern und Milchprodukten) oder eine pescetarische Ernährung (Fisch als einziges tierisches Protein). Die Autor:innen der Studie betonen, dass eine Verlagerung hin zu pflanzlichen Lebensmitteln unerlässlich ist, um die Ziele im Bereich der globalen Erwärmung zu erreichen. Dabei müssen die Besonderheiten der einzelnen Länder berücksichtigt werden, denn eine allgemeingültige Antwort ist nicht möglich.

Auch andere Ernährungsformen haben einen positiven Einfluss auf unseren CO_2-Fußabdruck.

3 Es gibt keine Patentlösung

Die Autor:innen betonen, dass eine Reduzierung tierischer Produkte klimafreundlicher wäre, als Fleisch ganz von unserem Speiseplan zu verbannen – sowie die Tiere aus unserer Region. Denn Kühe, Schafe und andere Tiere, die auf den Wiesen grasen, tragen zum Funktionieren des Ökosystems und zur Erhaltung der Artenvielfalt bei, aber auch zum Kampf gegen die Wüstenbildung, die die globale Erwärmung beschleunigt. Angesichts der Komplexität der Herausforderungen, die vor uns liegen, gibt es leider keine Patentlösung.[41]

Alexandrine Civard-Racinais

41

MAN KANN NICHTS GEGEN DIE ERDERWÄRMUNG TUN

Angesichts der klimatischen Herausforderungen, die auf uns zukommen, hätten »kleine ökologische Gesten« und andere individuelle Aktionen kein Gewicht, seufzen die Skeptiker:innen. Dabei gibt es einige leicht umzusetzende Maßnahmen, mit denen wir unseren CO_2-Fußabdruck begrenzen können.

Die Expert:innen des IPCC sind sich einig, dass wir den Ausstoß von Treibhausgasen, die für den Klimawandel mitverantwortlich sind, unbedingt reduzieren müssen, bevor die Situation unumkehrbar wird.[42] »Und jeder kann zu einem Kolibrieffekt beitragen«, zitiert Florence Clément von der französischen Umweltbehörde (ADEME) Pierre Rabhi, den Vorkämpfer für den glücklichen Verzicht. Denn es geht sehr wohl um Mäßigung. Mit diesen drei Möglichkeiten können Sie sich näher befassen:

1 Zug statt Flugzeug

Der Flugverkehr ist in den letzten Jahren explosionsartig angestiegen und hat einen hohen Anteil an der Bilanz des Verkehrssektors, der für 28 Prozent der Treibhausgasemissionen in Frankreich verantwortlich ist. Für Inlandsreisen sollte man daher eher den Zug nehmen und es vermeiden, nur für ein Wochenende oder ein paar Tage irgendwo hinzufliegen. »Es geht nicht darum, nicht mehr zu reisen, sondern das Flugzeug nur noch für große Entfernungen und längere Aufenthalte zu nutzen. Man muss nicht in die Ferne schweifen, um einen schönen Urlaub zu verbringen«, betont Florence Clément.

2 Mehr lokal produzierte, vegane Lebensmittel

Wir können unsere Art der Ernährung ändern. Sie ist zu fleischhaltig, zu stark verarbeitet und industrialisiert: »20 Prozent unserer Treibhausgasemissionen hängen mit der Produktion von Lebensmitteln, ihrem Transport, ihrer Lagerung, ihrem Vertrieb und ihrer Zubereitung zusammen.« So werden bei der Produktion in beheizten Gewächshäusern 10- bis 20-mal mehr Treibhausgase freigesetzt als beim Anbau auf dem Feld. Weniger Fleisch und verarbeitete Produkte, kurze Transportwege und saisonales Obst und Gemüse aus Freilandanbau können unsere Emissionen begrenzen.

3 Weniger heizen

20 Prozent der Treibhausgasemissionen sind auf das Wohnen zurückzuführen. Wenn Sie die Temperatur in einem mit Öl oder Gas beheizten Haus um ein oder zwei Grad erhöhen, verbrennen Sie mehr fossile Brennstoffe. Es geht nicht darum, zur Kerze zurückzukehren, sondern darum, »moderne Hilfsmittel wie Heizungsregler und -programme zu verwenden, die sich leicht von zu Hause oder aus der Ferne bedienen lassen«, und »zu vermeiden, Räume zu überheizen, die man tagsüber nicht nutzt«.

Indem man darüber nachdenkt, wie man seine Treibhausgasemissionen konkret begrenzen kann, kann man die Umwelt, das Klima und das eigene Portemonnaie schützen. Was auch immer die Skeptiker:innen sagen, ein Versuch ist es wert.

Alexandrine Civard-Racinais

42

MODE IST EIN HARMLOSES VERGNÜGEN

Warum sollte man sich eine kleine Freude versagen? Den Inhalt unserer Kleiderschränke zu erneuern, kann doch der Umwelt nicht schaden.

Dieses schöne, weiche Baumwoll-T-Shirt, das wir für ein paar Euro in einem bekannten schwedischen Bekleidungsgeschäft gekauft haben, hat enorme Auswirkungen auf die Umwelt. Der Baumwollanbau verbraucht weltweit die meisten Pestizide und das meiste Süßwasser.[43] Die Herstellung eines einzigen T-Shirts entspricht 70-mal duschen. »Das ist problematisch in Regionen wie China oder Indien, die bereits unter Wasserknappheit und Einschränkungen beim Zugang zu Süßwasser leiden«, betont Erwan Autret, Ingenieur bei der französischen Umweltbehörde ADEME und spezialisiert auf Textilien. Der Einsatz von Düngemitteln (Stickstoff und Phosphor) ist ebenfalls sehr hoch.

Nach der Erdölindustrie ist die Textilindustrie die am stärksten verschmutzende Industrie der Welt. Um die Regenbogenfarben auf meinem Einhorn-T-Shirt zu fixieren, verwenden die meisten Hersteller giftige Substanzen wie Nonylphenolethoxylate (NPE). Diese Substanzen sind gefährlich für Textilarbeiter:innen und Verbraucher:innen und gelangen beim Waschen unserer Kleidung in die Gewässer. Erwan Autret betont, dass der gesamte Lebenszyklus eines T-Shirts betrachtet werden muss, nicht nur seine Produktion. »50 Prozent der Umweltauswirkungen eines T-Shirts hängen mit dem Gebrauch und seinem Lebensende zusammen.« Wenn man bedenkt, dass jedes Jahr weltweit etwa 100 Milliarden Kleidungsstücke produziert werden, ist es höchste Zeit, dass wir uns nachhaltiger verhalten und der Werbung und dem Marketing nicht mehr so schnell nachgeben.

Wie wäre es, wenn wir Kleidung secondhand kaufen oder sie untereinander tauschen würden? Unser Look wäre genauso »stylisch« und dem Planeten würde es besser gehen!

Alexandrine Civard-Racinais

Okay, eure Schränke sind voller trendy Klamotten. Aber wisst ihr, was noch cooler ist?
Achtsam mit dem Planeten umzugehen!
NO PLANET B

43

PESTIZIDE TÖTEN NUR DIE FEINDE DER KULTURPFLANZEN

Man spricht nicht mehr von Pestiziden, sondern von Pflanzenschutzmittel. Das klingt vager, um nicht zu sagen verschleiernd, aber das Ziel bleibt dasselbe: ausrotten, was überhandnimmt, stört oder Krankheiten verursacht, indem man den Feind genau ins Visier nimmt. Und das alles ohne Gefahr der Kontaminierung?

Neonicotinoide, Dimethoat, Glyphosat, SDHI, Pyrethroide ... Zu den Pestiziden gehören fast 500 Wirkstoffe natürlichen oder synthetischen Ursprungs. Sie werden eingesetzt, um Unkraut (Herbizide), Pilze (Fungizide) oder bestimmte Insekten (Insektizide) zu bekämpfen, die bei Kulturpflanzen und in Plantagen angeblich verheerende Schäden anrichten. Doch diese Pflanzenschutzmittel wirken bei Weitem nicht so gezielt wie behauptet, sondern tragen zum Rückgang der Artenvielfalt bei.

Pestizide, die auf Nagetiere abzielen, vergiften auch deren Fressfeinde

In zwei Sammelgutachten des französischen Forschungsinstituts für Landwirtschaft, Lebensmittelwesen und Umwelt (INRAE) wurde eine Bestandsaufnahme der wissenschaftlichen Arbeiten über die Auswirkungen von Pestiziden auf Flora und Fauna, die nicht das eigentliche Ziel sind, durchgeführt.[44] Die Auswirkungen von Rodentiziden (Rattengiften) auf die Raubtiere von Nagetieren (Ziel dieser Produkte) sind seit vielen Jahren dokumentiert. Fleischfressende Säugetiere und Greifvögel vergiften sich, indem sie ihre Beutetiere fressen.

Vögel sind Kollateralopfer von Neonicotinoiden

Im Jahr 2016 haben Forschende der französischen Behörde für Jagd, Wald und Wildtiere (ONCFS) und der Ingenieurhochschule VetAgro Sup direkte Vergiftungen von futterfressenden Vögeln nach dem Verzehr von mit Neonicotinoiden beschichtetem Saatgut nachgewiesen, insbesondere Imidacloprid[45], das bereits an der hohen Bienensterblichkeit beteiligt ist. Rebhuhn, Ringeltaube und Strauß sind die wichtigsten betroffenen Arten.[46]

Alarmierende Pestizidwerte in Böden und Regenwürmern

Imidacloprid und 30 andere Pestizide wurden 2016 im Rahmen des RESCAPE-Projekts[47] in 180 Böden und 155 Regenwurmpopulationen nachgewiesen, wobei die Pestizidkonzentrationen in den Böden und Regenwürmern alarmierend hoch waren. Das Ergebnis ist aufschlussreich: »Alle Bodenproben enthielten mindestens eine der gesuchten Substanzen, und 90 Prozent enthielten eine Mischung aus mindestens einem Insektizid, einem Fungizid und einem Herbizid«, und zwar unabhängig davon, ob es sich um konventionell oder biologisch bewirtschaftete Parzellen oder Hecken handelte.[48]

Bei 92 Prozent der Regenwürmer wurde mindestens ein Pestizid nachgewiesen.

Bei den Regenwürmern enthielten 92 Prozent mindestens ein Pestizid und einige wiesen extrem hohe Konzentrationen an Neonicotinoiden auf, was die Fortpflanzung dieser für das Gleichgewicht unserer Böden wichtigen Tiere beeinträchtigt.

Alexandrine Civard-Racinais

44

DER MENSCH HAT KEINEN EINFLUSS AUF DIE ERDERWÄRMUNG

Im Internet und in den sozialen Netzwerken kursiert die Vorstellung, dass sich das Klima schon immer verändert hat und diese Veränderung nicht menschengemacht ist. Stimmt das?

In den vier Milliarden Jahren seines Bestehens hat unser Planet tatsächlich Perioden erlebt, in denen es wesentlich kälter oder wärmer war als heute. François-Marie Bréon, Forscher am französischen Labor zur Erforschung des Klimas und des Klimawandels (LSCE), erklärt, dass diese Wechsel natürlichen Ursprungs und nicht auf den Menschen zurückzuführen sind.

Nicht nur natürliche Ursachen

In seinem Buch mit dem nüchternen Titel *Erderwärmung* geht Bréon auf die natürlichen Ursachen von Klimaveränderungen ein.[49] Die langsamen Veränderungen der Umlaufbahn der Erde um die Sonne können dazu führen, dass unser Planet über einen Zeitraum von mehreren tausend Jahren oder sogar noch länger in eine Kalt- oder Warmzeit übergeht. Auch die Sonneneinstrahlung, die Emission von Partikeln in die Atmosphäre bei Vulkanausbrüchen oder die chaotische Natur der atmosphärischen und ozeanischen Zirkulation können bewirken, dass die Temperaturen innerhalb einiger Jahre sinken oder steigen. Aber all diese natürlichen Ursachen zusammengenommen könnten die seit den 1970er-Jahren beobachtete Erwärmung nicht erklären, betont der Physiker, der an der Erstellung des fünften Berichts des IPCC beteiligt war.

Für Zweifel ist keine Zeit mehr, aber es bleibt noch immer Zeit zu handeln!

Wissenschaftlicher Konsens

Die Klimaforschenden sind heute der Meinung, dass die treibende Kraft, die das Klima am wahrscheinlichsten beeinflusst, die zusätzlichen Treibhausgasemissionen sind, die durch menschliche Aktivitäten verursacht werden. Sie sind der Meinung, dass »es keinen Zweifel daran gibt, dass der Anstieg des Treibhauseffekts in Verbindung mit dem Anstieg der Konzentrationen bestimmter Gase, die mit menschlichem Tun in Verbindung stehen (CO_2, CH_4 und N_2O), der Grund für den seit Beginn des 20. Jahrhunderts beobachteten Temperaturanstieg ist«.

Ob es den Klimaleugner:innen gefällt oder nicht, die große Mehrheit der aktiven Klimaforschenden unterstützt diesen Konsens, der von den Akademien der Wissenschaften in 19 Ländern und den wissenschaftlichen Organisationen, die sich mit Klimatologie befassen, unterstützt wird.

Alexandrine Civard-Racinais

45

BÄUME PFLANZEN GEGEN DIE ERDERWÄRMUNG

Könnte die Wiederaufforstung oder das massive Anpflanzen von Bäumen das Wundermittel sein, um die Auswirkungen des Klimawandels abzumildern und den Anstieg der Treibhausgase zu begrenzen? Viele Expert:innen bezweifeln das.

Eine Milliarde Hektar mit Bäumen zu bepflanzen, wäre das »effektivste und kostengünstigste Instrument«, um den Klimawandel zu bekämpfen, so die Autor:innen einer Studie, die im Juli 2019 in der Zeitschrift *Science* erschienen ist. Vorausgesetzt, wir handeln schnell! Doch ein solches Versprechen scheint zu schön, um wahr zu sein.

Es gibt kein Wundermittel!

Wiederaufforstung[50] und Aufforstung[51] gehören tatsächlich zu den vom IPCC[52] empfohlenen Lösungen, die langfristige Auswirkungen haben können. Doch die Verfasser:innen des Berichts zu Klimawandel und Böden, der Anfang August 2019 veröffentlicht wurde, machen darauf aufmerksam, dass Wälder nicht unbegrenzt CO_2 speichern.

Die Wiederaufforstung ist zwar eine der interessantesten Möglichkeiten, um den Klimawandel zu bekämpfen, doch diese Lösung müsse in Maßen (um nicht mit anderen Landnutzungen zu konkurrieren) und im Einklang mit einer Reihe anderer Empfehlungen eingesetzt werden.

Eine kontraproduktive Aussage

Der schottische Forscher Duncan McLaren (Lancaster University) schreibt in einem Artikel, der im August 2019 auf der französischen Website *The Conversation* erschien, dass das Versprechen einer einfachen und kostengünstigen CO_2-Abnahme in der Zukunft die Chancen verringere, dass heute Zeit und Geld in die Reduzierung von Emissionen investiert werde. Solche Versprechungen könnten auch dazu führen, dass öffentliche Entscheidungsträger:innen das bestehende Modell nicht infrage stellen. Dieses Modell hat jedoch in den Augen vieler Expert:innen seine Grenzen weitgehend aufgezeigt.

Den Wald vor lauter Bäumen nicht mehr sehen

Die Anreize zur Wiederaufforstung und Kohlenstoffbindung seien zwar wertvoll, aber die Bäume und die technologische Antwort sollten nicht allein die Last des Kampfes gegen den Klimawandel tragen, so der Forscher. McLaren kommt zu dem Schluss, dass jetzt politische Maßnahmen zur Emissionsreduzierung ergriffen werden sollten, um die Wirtschaft und die Gesellschaft umzugestalten.

Die Wiederaufforstung ist daher eine der möglichen Lösungen im Kampf gegen den Klimawandel, kann aber nicht als Wundermittel durchgehen. Es darf nicht so sein, dass der Baum verdeckt, dass es einen ganzen Wald an zusätzlichen Veränderungen und Maßnahmen gibt, die durchgeführt werden müssen, um die vor uns liegende Herausforderung zu bewältigen.

Alexandrine Civard-Racinais

46

AUF DEM LAND IST DIE LUFT BESSER!

Viele Menschen in der Stadt träumen davon, auf dem Land zu leben, wo das Gras grün und die Luft sauber ist. Aber ist das wirklich der Fall und welche wichtigsten Luftschadstoffe können unsere Gesundheit beeinträchtigen?

1 Atmen schadet der Gesundheit

Der schädlichste Schadstoff für unsere Gesundheit ist Feinstaub ($PM_{2,5}$), der vor allem durch private Heizungen auf Holzbasis, den motorisierten Verkehr, die Industrie und die Landwirtschaft verursacht wird.[53] Er besteht aus festen und/oder flüssigen Stoffen, die in der Luft schweben, dringt tief in die Atemwege ein und ist für 48 000 Todesfälle pro Jahr verantwortlich.[54]

Auch Ozon (O_3) hat schädliche Auswirkungen auf unsere Gesundheit. Dieser Schadstoff wird im Sommer in den unteren Schichten der Atmosphäre durch die Sonneneinstrahlung und die hohen Temperaturen freigesetzt. Er entsteht durch die chemische Reaktion von Stickoxiden[55] (NO_x) und flüchtigen organi-

Rathaus 1 11
Besuchen Sie
L'AISNE
... und genießen Sie die frische Luft!
Die Wälder, die Täler,
die ozonbelastete Luft ...

schen Verbindungen (VOC), die hauptsächlich von der Energiewirtschaft, der Industrie und dem Straßenverkehr freigesetzt werden.

2 Weniger Stickstoffdioxid, aber mehr Ozon

Im Rahmen der Studie zur Luftqualität auf dem Land wurden im Laufe des Jahres 2018 die Schadstoffwerte zwischen Stadt und Land sowie die Zusammensetzung der Schadstoffe in ländlichen Gebieten verglichen.[56] Die Ergebnisse der Messstation in Caillouël-Crépigny, einem 400-Seelen-Dorf, wurden mit denen anderer Stationen in städtischen Gebieten verglichen. Die gute Nachricht: Die jährliche Stickstoffdioxidkonzentration war auf dem Land um 60 Prozent niedriger, doch die jährliche Ozonkonzentration in der Stadt (Saint-Quentin) ist um acht Prozent schwächer angestiegen. Bei der Feinstaubbelastung gab es keine wesentlichen Unterschiede zwischen ländlichen und städtischen Standorten. Auch wenn das Gras auf dem Land zweifellos grüner ist und die Lebensqualität viel besser, ist die Atemluft leider nicht schadstofffrei.

Alexandrine Civard-Racinais

47

DIE PFLANZEN SIND UNSERE FREUNDINNEN

Sie sind bunt, rund und saftig, ihre Früchte zum Anbeißen. Doch die Pflanzen tun alles, um zu verhindern, dass wir sie essen. Wie? Indem sie giftige Substanzen produzieren.

Am Anfang war die verbotene Frucht. Zu unserer Verdammnis haben Adam und Eva beschlossen, von ihr zu kosten. Aber was wäre, wenn wir diese Frucht nicht essen dürften, damit die Pflanze nicht ausstirbt?

Pflanzen brauchen ihre Früchte, um Nachkommen zu zeugen und das Überleben ihrer Art zu sichern, denn die Frucht ist die fleischliche Hülle der Samen. Also verteidigen sie sich!

Nervenschädigende Früchte

Bei einem Spaziergang im Wald oder im Park können Sie Beeren entdecken, die von Vögeln gerne gefressen werden. Aber achten Sie auf Ihre Kinder und mischen Sie nicht einfach eine selbst gepflückte Beere mit anderen Früchten aus dem Supermarkt. Beeren, die in unserer Umgebung häufig vorkommen, können sehr giftig sein – wie die der Zwergmistel, der Weißdorne oder des Schlehdorns. Je saftiger und attraktiver sie aussehen und je mehr sie leckeren Früchten ähneln, desto gefährlicher sind sie. Das gilt auch für den Schwarzen Nachtschatten, der sich gerne unter das Unkraut im Gemüsegarten mischt. Diese Beeren, die so schön aussehen wie Blaubeeren, können erhebliche Herz- und neurologische Störungen verursachen und sogar tödlich sein.

Gefährliche Blumen

Der Oleander, der unsere Hecken und Straßenränder schmückt, ist wegen seiner Schönheit berühmt. Er enthält aber einen herzschädigenden Stoff (Herzglykosid), der beim Verschlucken Herzprobleme verursacht. Verwechseln Sie ihn nicht mit seinem Cousin, dem Echten Lorbeer, denn auch in getrocknetem Zustand enthalten die Blätter des Oleanders noch immer den Giftstoff.

Oleander, für seine Schönheit berühmt, ist höchst giftig.

Auch das süße Maiglöckchen sollten Sie von Kindern und Tieren fernhalten. Die Glöckchen, aber auch die Stiele, Blätter und das Wasser in der Vase können bei Verzehr zu Herz-Kreislauf-Problemen, Durchfall und Erbrechen führen.

Nesselnd und phototoxisch

Der Spätsommer bringt Herbstfrüchte mit sich, wobei die Feige in Frankreich die Hauptrolle spielt. Können Sie ihn riechen, den guten Geruch von Omas Feigenmarmelade? Was sie vergessen hat zu erwähnen, ist, dass sie vor dem Einkochen beim Pflücken erst einmal gegen die nesselnde Abwehrreaktion der Feigenblätter ankämpfen musste. Der Baum verteidigt sich gegen Insekten, die seine Zweige besiedeln wollen, indem er eine phototoxische Substanz (Furocumarin) absondert. Beim Menschen verursacht sie eine Phytophotodermatitis (Wiesengräserdermatitis), die schwerwiegend sein kann, vor allem wenn die Haut anschließend der Sonne ausgesetzt ist. Sie wirkt auf der Haut genau entgegengesetzt zu einer Sonnenschutzcreme.

Diese Hautentzündung betrifft viele Pflanzenfans, da sie von sehr häufig vorkommenden Arten wie Ficus, Johanniskraut und sogar Petersilie verursacht werden kann.

Alexandre Marsat

Komm näher, wenn du dich traust!
Wir lassen euch Eindringlinge abblitzen!

48

ZIGARETTENSTUMMEL WEGZUSCHNIPPEN, IST NICHT SCHLIMM

Zigarettenstummel machen den Hauptmüll an den französischen Stränden aus. Es ist Zeit, sich Sorgen zu machen.

Die Geste, eine Kippe in die Luft zu schnippen, sei so tief im kollektiven Gedächtnis verankert, dass es schwer sei, sie den Leuten abzugewöhnen, seufzt Lionel Cheylus, Leiter der Pariser Niederlassung der Surfrider Foundation Europe. Selbst der französische YouTuber Norman deutet in einem seiner Videos an, dass es sich um eine »stylische Geste« handele. Dabei ist der Zigarettenstummel kein gewöhnlicher Abfall!

1 Eine Kippe, drei schädliche Elemente

Ein Zigarettenstummel besteht aus Tabakresten, aber vor allem aus einem Filter, der aus Celluloseacetat besteht, einem Kunststoff, der durch die chemische Modifikation von Cellulose (einem natürlichen Polymer) hergestellt wird. Die Fasern des Celluloseacetats werden mit dem Giftstoff Titandioxid behandelt und anschließend mit dem Reizstoff Triacetin verdichtet, um den Filter zu bilden. Der Filter wird von Papier umhüllt, das ebenfalls zahlreiche Chemikalien enthält. Eine Zigarettenkippe enthält Schwermetalle, Metallsalze, Nikotin, Pestizide, Phenole, Glykole und flüchtige Verbindungen. All diese Substanzen sind schädlich für Mensch und Umwelt. Und das ist noch nicht alles ...

2 Eine große Bedrohung für die Umwelt

Eine Studie, die 2017 von einem Forscherteam des Geowissenschaftlichen Labors an der Université Rennes I veröffentlicht wurde, liefert ebenfalls Beweise für die Verbreitung von Nanopartikeln (NP) in der Umwelt.[57] Das Team sieht darin »die Entstehung einer neuen globalen Umweltkontamination durch Zigarettenstummel, vergleichbar mit der von Plastikmüll, die dringende Fragen zu ihren Umweltauswirkungen aufwirft«.

Eine einzige Zigarettenkippe kann bis zu 500 Liter Wasser verunreinigen.

Expert:innen des Ineris geben an, genügend Beweise vorliegen zu haben, um Zigarettenstummel als gefährlichen Abfall einzustufen.[58] Dies ist insbesondere auf ihre hohe Toxizität zurückzuführen, die in ökotoxikologischen Tests an Land und im Wasser nachgewiesen wurde.

3 Was auf den Boden geworfen wird, landet im Meer

»Eine einzige Zigarettenkippe kann bis zu 500 Liter Wasser verunreinigen«, sagt Lionel Cheylus. In den letzten Jahren war die Kippe »der wichtigste Abfall, der bei den Müllsammelaktionen der Initiatives Océanes gefunden wurde, weit vor Plastikfragmenten und Plastikflaschen«[59]. Da ein Zigarettenstummel etwa zwölf Jahre braucht, um in der Natur abgebaut zu werden, hat er viel Zeit, um Böden und aquatische Ökosysteme zu kontaminieren, bevor er seinen Weg in die Meere und Ozeane findet und dort sein stilles Zerstörungswerk fortsetzt. Denken Sie daran, bevor Sie meinen, die Kippe lässig über Ihre Schulter schnippen zu wollen.

Alexandrine Civard-Racinais

49

AVOCADOS ESSEN IST GUT

Mit einem Verbrauch von 2,8 Kilogramm pro Haushalt und Jahr ist die Avocado die elfthäufigste Frucht, die in Frankreich verzehrt wird. Das ist vor allem auf ihre ernährungsphysiologische Bedeutung und die Zunahme an vegetarischen Gerichten auf unseren Tellern zurückzuführen.

Die Avocado ist gesund und einfach zuzubereiten, aber ihre Ökobilanz ist nicht besonders gut. Die überwiegende Mehrheit der Früchte in unseren Regalen stammt aus Israel, Spanien und Mexiko. Im Frühling und Sommer werden Avocados vor allem aus Kenia und Südafrika importiert. Diese Früchte, die in Ländern mit tropischem, subtropischem oder mediterranem Klima angebaut werden, haben einen enormen Wasserverbrauch. Im Durchschnitt werden 227 Liter Wasser benötigt, damit eine einzige Avocado wächst.[60] Die weltweite Nachfrage steigt rasant an. In Frankreich ist der Pro-Kopf-Verbrauch zwischen 2012/2013 und 2017/2018 um 54 Prozent gestiegen.

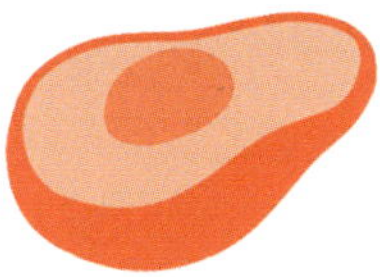

Ein wasserintensiver Anbau

2018 wurden für die weltweite Avocadoproduktion »etwa 6,96 km^3 Wasser verbraucht [...], was 2,82 Millionen olympischen Schwimmbecken (mit einem Volumen von jeweils 2500 m^3) entspricht«, so Ruben Sommaruga und Honor May Eldridge in der Zeitschrift *EuroChoices*.[61] Dabei gibt es große Unterschiede zwischen den einzelnen Ländern und Regionen innerhalb eines Landes, wobei Mexiko von allen Erzeugerländern den größten »Wasserfußabdruck«[62] hat. Eine von der mexikanischen Regierung in Auftrag gegebene Studie hatte bereits 2012 einen Zusammenhang zwischen der Produktion von Avocados und der Störung des natürlichen Wasserkreislaufs festgestellt. Hinzu kommen sozioökonomische Probleme verursacht durch den Anbau.

Eine Bewusstwerdung ist dringend nötig

Ein solcher Wasserfußabdruck ist vor dem Hintergrund des Klimawandels nicht tragbar. Die Autor:innen sind der Meinung, dass es dringend notwendig ist, auf allen Ebenen zu handeln und sowohl die Import- als auch die Produktionsländer einzubeziehen, um die negativen Auswirkungen der Avocadoproduktion zu vermeiden und abzuschwächen, insbesondere in Ländern, in denen die Wasserressourcen tendenziell knapper werden. In diesem Zusammenhang kommt den Verbraucher:innen erneut eine aktive Rolle zu, indem sie sich bewusst um einen ethischen Konsum und den Erhalt der Umwelt bemühen und über die Auswirkungen ihrer Lebensmittelauswahl nachdenken.

Alexandrine Civard-Racinais

50

REGNET ES IN DER BRETAGNE MEHR ALS IN ANDEREN REGIONEN FRANKREICHS?

Na super, jetzt wirst du mir gleich von dem legendären Mikroklima in Morbihan erzählen.
Bei uns kann man immerhin sagen, dass es mehrmals am Tag gutes Wetter gibt!
Und dann haben wir noch einen Spruch …
»Der Nieselregen in Ehren, er hilft uns, uns gegen die Pariser:innen zu wehren.«
Haha, sehr witzig!
× CURIEUX!

51

DER WALD IST UNSERE GRÜNE LUNGE!

Die Wälder, insbesondere die tropischen Regenwälder, liefern einen Teil des Sauerstoffs, den wir einatmen. Aber sind sie wirklich die einzigen, die uns diesen wichtigen Dienst erweisen?

Die grüne Lunge des Planeten ist nicht die, für die man sie hält! An der Meeresoberfläche spielt das Phytoplankton eine wichtige, aber weitgehend unbekannte Rolle bei der Sauerstoffproduktion.

1 Ohne Phytoplankton keine Fische!

Phytoplankton oder auch pflanzliches Plankton besteht aus Mikroorganismen, die an der Wasseroberfläche treiben. Wie die Pflanzen und Bäume an Land sind sie in der Lage, die Lichtenergie der Sonne einzufangen und sie zu nutzen, um aus atmosphärischem Kohlendioxid (CO_2), Wasser (H_2O) und Mineralsalzen organisches Material zu bilden. Durch diesen Prozess der Fotosynthese produzieren sie die für ihr Wachstum notwendigen Nährstoffe (Zucker, Fette, Proteine). Phytoplankton ist das erste Glied in der Nahrungskette der Ozeane und ernährt auch andere Tiere. Ohne diese winzigen lebenden Organismen, die für das bloße Auge unsichtbar sind, gäbe es die Wassertierwelt, wie wir sie kennen, schlichtweg nicht. Ohne Phytoplankton keine Fische! Und auch kein anderes Leben auf dem Planeten.

2 Phytoplankton – die wahre Lunge der Erde

Bei der Fotosynthese wird durch die chemischen Reaktionen, die an der Produktion von organischer Materie beteiligt sind, auch Sauerstoff (O_2) freigesetzt. Forschende schätzen heute, dass das Phytoplankton zwischen 50 und 85 Prozent des Sauerstoffs in der Erdatmosphäre produziert.

Entgegen der landläufigen Meinung ist der größte Sauerstoffproduzent auf der Erde also nicht der Wald, sondern das pflanzliche Plankton! »Wir Menschen sind eng mit dem Plankton verbunden, denn jeder Atemzug ist ein Geschenk des Phytoplanktons. Die fotosynthetischen Bakterien und pflanzlichen Protisten produzieren so viel Sauerstoff wie alle Wälder und Pflanzen der Erde zusammen«, fasst der Biologe Christian Sardet, Forschungsdirektor am CNRS, dem Nationalen Zentrum für wissenschaftliche Forschung in Frankreich, und Autor des Buches *Plankton. Der erstaunliche Mikrokosmos der Ozeane* zusammen. Und nicht zu vergessen: »Seit drei Milliarden Jahren absorbiert das pflanzliche Plankton enorme Mengen an Kohlendioxid, das über den Kohlenstoffkreislauf die Temperatur, das Klima und die Produktivität der Ozeane reguliert.«

Klein, aber unverzichtbar!

Alexandrine Civard-Racinais

ARTENVIELFALT

52

KATZEN ZU HALTEN, BRINGT NICHTS

**Schon wieder Fake News!
Denn das Gegenteil ist der Fall:
Unsere Hauskatzen verfügen über
wahre therapeutische Kräfte.**

1 Schnurren ist heilsam

Was wäre, wenn es uns allein durch unsere Bindung zu unserer Katze besser ginge? Der Tierarzt Jean-Yves Gauchet, der das Konzept der »Schnurr-Therapie« entwickelt hat, ist der Meinung, dass das Schnurren unserer kleinen Katze beruhigend wirkt und Sicherheit vermittelt. Der Mensch nimmt es nicht nur über sein Trommelfell wahr, sondern auch über Sensoren auf seiner Haut, die Vater-Pacini-Körperchen, die Vibrationen in elektrische Impulse umwandeln und diese ans Gehirn weiterleiten. Das Gehirn reagiert darauf mit der Ausschüttung von Serotonin, einem Hormon, das den Schlaf und die Stimmung beeinflusst.

Mein Mensch und ich machen gerade eine Schnurr-Therapie.
Wie schön. Ich arbeite ehrenamtlich mit Senior:innen.
Katzenhoheit

2 Das Schnurren fördert die Wundheilung

Das Schnurren erzeugt niederfrequente Vibrationen zwischen 25 und 50 Hertz; dieser Vibrationsbereich wird verwendet, um den Heilungsprozess und die Bildung von neuem Gewebe bei Knochenbrüchen oder entzündeter Arthrose zu fördern. Das Schnurren unserer Katzen hat also auch eine sogenannte anabole Wirkung auf unseren Organismus, die jedoch noch nicht bewiesen ist.[63]

3 Katzen als natürliches Antidepressivum

Es ist jedoch bereits erwiesen, dass die Anwesenheit einer Katze das Risiko von Depressionen bei älteren Menschen, insbesondere bei Menschen mit kognitiven Störungen oder Demenz, verringert. In einigen Pflegeheimen, geriatrischen Abteilungen und psychiatrischen Einrichtungen, die offen für Tiertherapien sind, werden Katzen als therapeutische Mediatoren eingesetzt. Wann wird es Schnurr-Therapien auf ärztliche Anordnung geben?

Alexandrine Civard-Racinais

53

WESPEN SIND ZU NICHTS NUTZE

Im Sommer können Wespen ein großes Ärgernis sein, wenn man sein Stück Kuchen draußen genießen will oder eine Grillparty veranstaltet. Rotten wir sie doch aus, sie sind eh zu nichts nutze. Wirklich?

Wer hatte nicht schon Mordgedanken wegen einer Wespe, die auf einem saftigen Stück Fleisch oder einem fruchtigen Stück Melone saß? Diese Hautflügler, die am Tisch nicht erwünscht sind, haben es aber nicht darauf abgesehen, unser Essen zu stehlen oder uns anzugreifen. »Sie suchen nach tierischen Proteinen, um ihre Larven zu füttern, und nach Zucker, um sich mit Energie aufzuladen«, erklärt Mathieu de Flores, Entomologe und Missionsbeauftragter des OPIE[64]. Wespen sind weder böse noch unnütz, sie sind nicht weniger nett oder nützlich als Bienen und nehmen einen wichtigen Platz im Ökosystem ein.

Wespen gehören wie Honig- und Wildbienen zu den bestäubenden Arten. »Sie sind bei Weitem nicht so effizient wie Bienen, aber fliegen bestimmte Blüten an, um sich von deren Nektar zu ernähren«, wie Beobachtungen im Rahmen von SPIPOLL, einem partizipativen Wissenschaftsprogramm, das allen offensteht, zeigen.

Außerdem jagen einige solitäre Wespen, wie etwa die Sandwespen (*Ammophila*), ausschließlich Raupen, die sie lähmen und in einen Erdbau transportieren, um ihre einzige Larve zu ernähren. Sie sind also die Verbündeten aller Gartenfans. Dasselbe gilt für Mauerwespen, die gelähmte Raupen in einem Nest aus Lehm oder Sand für ihre Nachkommen lagern.

»Die beiden häufigsten Arten, die die Picknicktische anfliegen, sind Kurzkopfwespen (*Vespula vulgaris* und *Vespula germanica*)«, erklärt Mathieu de Flores. Diese beiden sozialen Wespenarten sind auch unsere Verbündeten bei der Bekämpfung von Fliegen, die ebenfalls ein Störfaktor für ein friedliches Picknick darstellen. Ein Volk der Gemeinen Wespe (*Vespula vulgaris*) kann laut Claire Villemant, Forscherin am staatlichen Naturkundemuseum in Paris, im Laufe eines Sommers zwischen 3000 und 4000 Fliegen vertilgen. Diese Zahl ist wahrscheinlich sogar noch zu niedrig angesetzt. Fliegen sind auch die Beute von Bembix, einer Gattung von Grabwespen, die in großen Kolonien im Sand leben. Lassen wir also diese wichtigen Regulierer ihre Arbeit machen und stellen ihnen einen separaten Teller abseits des Familientisches hin.

Alexandrine Civard-Racinais

54

MENSCH UND WOLF KÖNNEN NICHT KOEXISTIEREN!

Seit der Rückkehr des Wolfes nach Westeuropa sind die Emotionen entfesselt. Auf der einen Seite stehen die Wolfsgegner:innen, auf der anderen seine Befürworter:innen. Ein Mittelweg muss her.

Es wird so viel Bohei um den Wolf gemacht, dass man ihn fast schon überall sieht. Die französische Wolfspopulation (italienisch-alpinen Ursprungs) hat jedoch eine bescheidene Größe; im Winter 2019/2020 wurde sie auf 580 Individuen geschätzt.[65] Sie breitet sich zwar geografisch weiter aus, aber langsamer als in den letzten Jahren, wie die Expert:innen des Wolf-Lynx-Netzwerks feststellten. Der Wolf wird auf der Roten Liste der gefährdeten Tierarten in Frankreich immer noch als »bedroht« eingestuft.[66] Das hindert jedoch die Menschen nicht daran, sich weiter vor ihm zu fürchten.

Es gibt keinen einzigen Fall, in dem ein Wolf in letzter Zeit einen Menschen angegriffen hätte

Diese uralte Angst ist fest in unserer Psyche und im kollektiven Unbewussten verankert, hat aber keinerlei Grundlage. »In den 5000 Begegnungen, die das Wolf-Lynx-Netzwerk seit der Rückkehr des Wolfs nach Frankreich Anfang der 1990er-Jahre verzeichnet hat, gab es keine einzige Konfrontation zwischen einem Wolf und einem Menschen«, erinnern die Expert:innen. In der jüngeren Geschichte wurden die letzten dokumentierten Angriffe auf Menschen im Jahr 1918 verzeichnet, als die Tollwut noch grassierte.

Der Wolf spielt eine wichtige ökologische Rolle

Der Wolf ist zwar nicht auf den Verzehr von Menschenfleisch aus, aber er reguliert die Populationen von Huftieren (Rehe, Wildschweine), indem er geschwächte oder kranke Tiere reißt. Auf diese Weise trägt er auch zur Eliminierung von Tieren bei, die gefährliche Krankheitserreger in sich tragen. Der Wolf ist auf europäischer und nationaler Ebene geschützt. Der französische Staat hat sich verpflichtet, eine »sozial und wirtschaftlich akzeptable Koexistenz zwischen dem Wolf und menschlichen Aktivitäten« zu gewährleisten, insbesondere für die Schafzucht, die jedes Jahr einen hohen Tribut an diesen opportunistischen Räuber zahlt.

Der Wolf trägt zur Eliminierung von Tieren bei, die gefährliche Krankheitserreger in sich tragen.

Den Wolf besser verstehen für eine friedlichere Koexistenz

Es geht also nicht an, dass die Viehzüchter:innen oder Wilderer und Wilderinnen dem Isegrim das Fell über die Ohren ziehen. Es ist auch nicht möglich, die Wolfspopulation durch »Umlagen« zu »managen« – ein Euphemismus für die Tötung von Tieren, die durch eine Ausnahmegenehmigung erlaubt ist. Neuere Arbeiten aus dem Bereich der Wildtierökologie und der Sozialwissenschaften deuten darauf hin, dass nicht-tödliche Methoden zur Reduzierung von Schäden an Herden effektiver sind als Abschüsse. Der Erwerb ethologischer Kenntnisse ist ebenfalls unerlässlich. Das Verhalten von Wölfen, die in der Nähe von Herden leben, besser zu verstehen, ist eines der Ziele von Life Wolfalps EU, einem EU-Projekt, das im September 2019 gestartet ist und darauf abzielt, die Koexistenz zwischen Menschen und Wölfen im gesamten Alpenraum zu verbessern. Wenn man nicht zusammenleben kann, sollte es dennoch möglich sein, nebeneinander zu existieren. Vorausgesetzt, man gibt sich Mühe und lässt der Wildnis ihren Raum.

Alexandrine Civard-Racinais

55

HILFT URIN BEI EINEM QUALLENSTICH?

Die Tentakel der Quallen bestehen aus kleinen Nesselzellen, die so etwas wie Mini-Harpunen (Nesselschlauch) enthalten. Wenn der Tentakel mit der Haut in Berührung kommt, öffnet sich die Nesselzelle und der Nesselschlauch sticht ein, um das Gift zu injizieren.
Die Nesselzellen reagieren aber auch auf bestimmte Substanzen wie Süßwasser oder Urin, die sie aufplatzen lassen. Wenn also noch ein Tentakel auf der Haut klebt, kann das Urinieren auf den Stich den Schmerz verstärken.
Im Fall eines Stiches sollte man lieber:
1. Die Wunde sofort mit Meerwasser ausspülen, auf gar keinen Fall mit Süßwasser.
2. Versuchen, die Tentakel mit einer Pinzette abzuziehen, bloß nicht mit nackten Fingern!
3. Sand auf die Wunde streuen, ohne zu reiben, um die übrig gebliebenen Nesselzellen zu blockieren. Anschließend den Sand sanft abschaben, etwa mit einer EC-Karte.
Das ist doch effizienter und weniger eklig, als sich anzupinkeln!
Das stimmt ... Für die Serie wäre es aber nicht so witzig gewesen.
Selbstverständlich sollte man, wenn die Schmerzen anhalten, in eine Arztpraxis oder Apotheke gehen.
Ach, Chandler, wenn wir das nur gewusst hätten ...
!?
Das hätte uns die peinliche Szene erspart, die als Nächstes folgt.
Bestimmt!

56

DELFINE STRANDEN UND STERBEN AUFGRUND VON STÜRMEN

Jeden Winter werden die französischen Küsten von Tiefdruckgebieten über dem Atlantik heimgesucht. In den Tagen, nachdem sie vorbeigezogen sind, werden oft Delfin-Kadaver entdeckt. Gibt es da einen Zusammenhang?

Im Winter 2019 wurden an der Atlantikküste die Kadaver von 881 Gemeinen Delfinen *(Delphinus delphis)* gefunden. Diese Todesfälle sind umso betrüblicher, da sie nicht auf natürliche Ursachen zurückzuführen sind – die Ergebnisse der Autopsien zeigen etwas anderes.

1 Stürme treiben Delfine an die Küste

85 Prozent der untersuchten Tiere »wiesen innere und äußere tödliche Verletzungen durch Fischereigeräte auf«, sagt Hélène Peltier, Forschungsingenieurin im Bereich der Strandungen von Meeressäugern.[67] Außerdem werden die Todeszonen dieser Kleinwale mit den Aktivitäten der Fischereien in Verbindung gebracht, die im Winter Raubfische wie Seehecht, Seebarsch und Seeteufel fischen und Fanggeräte mit großen senkrechten Öffnungen oder großen Netzhöhen verwenden. Es sind also die Menschen, die zu verurteilen sind, und nicht die Naturgewalten. »Die Stürme spülen nur ihre Körper an die Küste und machen das Phänomen noch sichtbarer.«

2 Die Spitze des Eisbergs

Und doch sehen wir nur die Spitze des Eisbergs. »Denn das ist nur ein kleiner Teil der Tiere, die im Meer sterben«, seufzt Hélène Peltier. 2019 sollen mehr als 11 000 Delfine in Fischereigeräten ums Leben gekommen sein.[68] Die Delfinpopulation im Golf von Biskaya gilt derzeit als stabil, doch ein solcher Aderlass ist nicht tragbar. Zumal es sich bei den in den Fischernetzen gefangenen und getöteten Tieren hauptsächlich um geschlechtsreife Delfine handelte. »Wenn es zu einem Rückgang oder Zusammenbruch kommt, wird es sehr schwierig sein, die Population des Gemeinen Delfins wiederherzustellen«, warnt Hélène Peltier. Wir sollten also aufhören, die Natur zu beschuldigen, und endlich beginnen, Verantwortung zu übernehmen.

Alexandrine Civard-Racinais

57

SCHLANGEN SIND KALT, SCHLEIMIG UND STECHEN

Sie sind kalt, schleimig und stechen? Diese drei Vorurteile über Schlangen halten sich hartnäckig. Es ist an der Zeit, ihnen den Garaus zu machen, denn keine von ihnen gründet auf biologischen Fakten.

1 Schlangen sind kalt

Reptilien sind weder kalt noch warm. Die Körpertemperatur dieser Tiere schwankt je nach klimatischen Bedingungen. »Bei Kälte ist ihr Körper kalt, bei Wärme ist er warm. Deshalb ist der Ausdruck ›Kaltblüter‹ wissenschaftlich falsch«, stellt Françoise Serre-Collet gleich auf den ersten Seiten ihres Buches über Irrtümer rund um Schlangen richtig.[69] Schlangen gehören zu den ektothermen Arten (vom Griechischen *ektos,* »draußen«, und *thermos,* »Wärme«). Diese Tiere nutzen eine externe Wärmequelle, um ihre Innentemperatur zu erhöhen. Aus diesem Grund ist es nicht ungewöhnlich, dass eine Natter an sonnigen Tagen die Sonnenstrahlen nutzt, um ihren Körper aufzuwärmen, bevor sie sich auf die Jagd begibt.

2 Schlangen sind schleimig

Fische und Schlangen haben Schuppen. Aber nur Fische haben Hautdrüsen, mit denen sie den Schleim produzieren, der sie klebrig macht. Im Gegensatz dazu ist die Schlangenhaut immer trocken und fühlt sich weich an. Eine weiche Haut verbindet die Schuppen miteinander, die aus Keratin, einem starken, wasserfesten Protein bestehen, das auch in unseren Nägeln und Haaren vorkommt. Dieses Protein und das Fehlen von Schweißdrüsen halten den Körper einer Schlange trocken.

3 Stechen Schlangen?

»Sowohl auf dem Land als auch in der Stadt heißt es, dass Schlangen, insbesondere Vipern, stechen«, sagt Françoise Serre-Collet amüsiert. Dazu müssten sie allerdings einen Stachel haben wie Skorpione oder Wespen. Schlangen haben aber keinen Stachel. Ihr Gebiss besteht aus Beißzähnen, mit denen sie ihre Beute festhalten, und/oder aus Giftzähnen, mit denen manche Schlangen ihr Gift während des Bisses in die Beute injizieren. Es gibt jedoch eine Ausnahme: Schlangen der Gattung *Atractaspis* beißen nicht. Diese Reptilien haben zwei horizontale Giftzähne, die auf beiden Seiten des Kopfes angebracht sind und sich seitlich drehen können. Daher beißen sie nicht, sondern stechen mit einem ihrer Giftzähne zu. In diesem besonderen Fall spricht man tatsächlich von einem Stich. Diese Gattung kommt in Europa jedoch nicht vor, sie lebt in Afrika und im Nahen Osten.

Alexandrine Civard-Racinais

58

GOLDFISCHE HABEN EIN DREI-SEKUNDEN-GEDÄCHTNIS

Goldfische können sich nicht daran erinnern, was sie vor drei Sekunden getan haben. Klar, sie sind ja auch nicht intelligent – wirklich nicht?

Goldfische haben kein Gedächtnis? Philip Gee, Psychologe und Forscher an der University of Plymouth, wollte es genauer wissen. Vier Wochen lang trainierte er acht Goldfische *(Carassius auratus)* darauf, einen Hebel zu betätigen, damit sie ihr Futter erhalten. Dieser Hebel lieferte jedoch nur einmal am Tag zu einer festen Uhrzeit Futter. »Die kleinen Goldfische lernten, den Hebel genau und nur zur richtigen Zeit zu betätigen, und versammelten sich sogar um den Hebel, wenn die Zeit näher rückte«, schwärmt die Biologin Emmanuelle Pouydebat in ihrem Buch über tierische Intelligenz.[70] Die Ergebnisse der 1994 veröffentlichten Studie von Philip Gee zeigten, dass die Goldfische dieses Verhalten auch noch Tage nach dem Ende des Experiments zeigten und dass »diese Fische durchaus in der Lage sind, andere Fische zu erkennen und sich zu merken, welche Artgenossen die besten Wettkämpfer sind«.[71]

Ein langlebiger Mythos

Spätere Experimente zeigten auch, dass Goldfische in der Lage sind, ein Geräusch mit der Futterausgabe zu verbinden oder sich in einem Labyrinth den Weg zum Futter mehrere Monate lang zu merken. Das angebliche Drei-Sekunden-Gedächtnis ist also ein Mythos. »In Wirklichkeit handelt es sich eher um drei Monate«, betont Emmanuelle Pouydebat. Wenn dieser Mythos sich hartnäckig hält, dann liegt es daran, dass er uns so gut in den Kram passt! Ein Goldfisch, der kein Langzeitgedächtnis hat, würde sich in einem winzigen Glas nicht langweilen. Was jedoch falsch ist. Wie alle Tiere ist auch ein Goldfisch ein sensibles Wesen, das lernfähig und anpassungsfähig ist. Ihn in ein kleines Glas zu sperren, ohne jegliche Abwechslung und ohne die Möglichkeit, seine physiologischen, sozialen oder emotionalen Bedürfnisse auszuleben, ist lediglich ein Beweis für die Dummheit seines Besitzers.

Alexandrine Civard-Racinais

59

DER STIER REAGIERT AGGRESSIV AUF DIE FARBE ROT

Das ist allseits bekannt – die Farbe Rot macht einen Stier so aggressiv, dass er zum Angriff übergeht. Aber ist das wirklich so?

Rot gehört zu den Primärfarben, die wir dank der zahlreichen Zapfen auf unserer Netzhaut wahrnehmen. Diese Fotorezeptorzellen, die am Tagsehen beteiligt sind, ermöglichen es uns, Farben und Details zu erkennen. Aber wie sieht es beim Stier aus? Er hat zwar eine gewisse Fähigkeit, Rot, Gelb, Grün und Blau zu unterscheiden, aber »das Farbsehen bleibt unwichtig und wird wahrscheinlich auch nicht genutzt«, so Marie-Laurence Ferret in ihrer veterinärmedizinischen Dissertation.[72] Der Stier besitzt nur eine geringe Anzahl von Zapfen und reagiert »empfindlicher auf Objekte, deren Aussehen und Helligkeit sich verändern«, als auf Farben.

Entgegen einer weit verbreiteten Annahme hat der Stier also keinen Grund, »rot zu sehen«, wenn ein Torero mit seinem Umhang, oder besser gesagt mit seiner Muleta, vor ihm herumfuchtelt. Darüber hinaus waren die Umhänge der Stierkämpfer im 17. Jahrhundert lila. Vor 1914 benutzten die Helfer der Stierkämpfer Umhänge in hellblau, grün, zitronengelb oder lila.

Wahrnehmung von Bewegungen

Worauf sich der Stier konzentriert, ist der Mensch und seine Bewegungen. »Diese Beobachtungen und Experimente mit Stieren lassen den Schluss zu, dass die Farbe Rot in keinem Fall einen entscheidenden Einfluss auf das Verhalten des Stieres hat. Während des Kampfes übertrifft die Wahrnehmung von Bewegung deutlich die Farbwahrnehmung.«

Der Stier verfügt zwar nur über eine begrenzte Anzahl von Zapfen, dafür aber über eine große Anzahl von Stäbchen, also Fotorezeptorzellen, die für die Analyse von Bewegungen und Grautönen zuständig sind.

Es sind also die Bewegungen, die der Stierkämpfer mit der Muleta ausführt, die den Stier anlocken, sowie seine Rufe und Aufforderungen. Denn das Auge ist bei Weitem nicht der einzige Sinn, der in der Arena zum Einsatz kommt; auch das Gehör – das bei Wiederkäuern sehr ausgeprägt ist – informiert das Tier über das, was um es herum geschieht. Es ist also die Bewegung, die die Aggression des Stiers auslöst, und nicht die rote Farbe der Muleta, die im letzten Drittel eines Stierkampfs verwendet wird und die über den Ausgang des Kampfes entscheidet, der meist tödlich für den Stier endet. Marie-Laurence Ferret erinnert daran, dass »Rot schließlich die Farbe des Blutes ist, ein Symbol des Kampfes und des spanischen Festes«.

Es ist die Bewegung mit der Muleta, die den Stier anlockt, verbunden mit den Rufen und Aufforderungen des Toreros.

Alexandrine Civard-Racinais

60

FLEDERMÄUSE SIND GEFÄHRLICH!

Die einen finden sie faszinierend, die anderen eklig. Es kursieren viele falsche und dämonisierende Annahmen über Fledermäuse, die in Wirklichkeit aber ganz diskrete Tiere sind.

1 Fledermäuse sind Virenschleudern!

Alle Säugetiere, auch die Menschen, beherbergen Viren. Sie leben in uns und auf uns und wir sind auch das Ergebnis dieser Koevolution. Die 34 Arten von Fledermäusen, die es in Frankreich, bzw. die 25, die es Deutschland[73] gibt, sind nicht »schmutziger« oder mit mehr Viren, Bakterien oder Mikroben verseucht als eine Hauskatze. »Der Mensch lebt seit Jahrhunderten mit Ihnen zusammen – sie leben in Scheunen, auf Dachböden und in Kirchtürmen«, erklärt Laurent Arthur, stellvertretender Konservator am Museum in Bourges und Spezialist für Fledermäuse. Die einzige in Europa bekannte Krankheit, die von Fledermäusen auf den Menschen übertragen werden kann, ist die Fledermaustollwut, die zu 99 Prozent von der Großen Hufeisennase ausgeht. »Bisher ist in Frankreich noch nie jemand daran gestorben, aber um kein Risiko einzugehen, ist es am besten, diese Arten niemals mit bloßen Händen zu berühren.«

2 Übertragen sich Krankheiten über den Guano?

Nein! »Fledermausguano von europäischen Arten enthält keine krankheitserregenden Viren, daher wäre es schade, auf dieses hervorragende Düngemittel zu verzichten.« Man kann den Stoff, der aus Exkrementen gebildet wird, auffangen, indem man eine Plane unter die sichtbaren Kolonien legt. Wenn Sie Ihre Scheune oder Ihren Dachboden im Winter aufräumen wollen, sollten Sie sich vor Staub schützen, indem Sie eine Maske und Handschuhe tragen und sich anschließend die Hände waschen. »So wie man es nach dem Wechseln der Katzenstreu tut oder tun sollte.«

3 Fledermäuse können sich in unserem Haar verfangen

Lassen Sie uns eine hartnäckige Legende endgültig aus der Welt schaffen: Fledermäuse verfangen sich nicht in unseren Haaren, auch nicht in langen! François Prud'homme sagt: »Dabei habe ich sie manchmal ziemlich provoziert. Ich stand mit

offenen Haaren in der Mitte eines sehr engen Durchgangs, durch den einige durch meine Ankunft gestörte Hufeisennasen flohen. Ich spürte den Lufthauch ihrer Flügel und manchmal berührten ihre Flügelspitzen sogar mein Gesicht. Sie hatten jede Menge Gelegenheit, sich in meinen Haaren zu verfangen, aber sie haben es nicht getan«, berichtet der Naturforscher in seinem Buch.[74] »Man muss es also wiederholen: An dieser Fantasie, die zur Legende geworden ist, ist nichts Wahres dran«, schließt er.

Alexandrine Civard-Racinais

61

SCHLAFEN WIE EIN SIEBENSCHLÄFER

Wenn die kalten Tage kommen, bereiten sich einige Tiere darauf vor, den Winter in ihren Höhlen zu verbringen, wo sie lange schlafen und vor der Kälte geschützt sind. Auch wir schlafen gerne wie ein Siebenschläfer.

1 Der Tiefschlaf des Siebenschläfers

Der kleine Siebenschläfer, der nicht größer ist als eine Feldmaus, ist für seinen tiefen Schlaf bekannt. Der Ausdruck »schlafen wie ein Siebenschläfer« geht darauf zurück, dass dieses Tier einen siebenmonatigen Winterschlaf hält (wobei es in Wirklichkeit fast neun Monate sind). Nach einem Festmahl im Herbst bereitet er sein Bett für einen monatelangen Winterschlaf vor, der bis zum Frühjahr dauert. Ein kluges Kerlchen! So meidet er niedrige Temperaturen und die regnerische Jahreszeit. Dank der reichhaltigen Mahlzeit kann er mit seiner Familie in der Höhle verweilen.

Na komm, noch eine kleine Netflix-Serie und dann ab ins Bett!

2 Winterschlaf oder Winterruhe?

Tief und fest schlafen oder zwischendurch mal aufwachen, um auf die Toilette und zum Kühlschrank zu gehen - das ist die Frage. Einige Tiere, die Winterschlaf halten, werden aufgrund ihrer biologischen Uhr zu einer bestimmten Zeit lethargisch, andere beginnen ihren Winterschlaf erst bei einer bestimmten Temperatur. Der bekannteste Winterschläfer ist das Murmeltier, das tief vergraben in der Erde im Warmen schläft und durch den Schnee, der darüber liegt, vor Kälte geschützt ist.

Ein winterruhendes Tier hingegen wird nicht wochenlang durchschlafen. Die Winterruhe bezeichnet einen von mehreren Wachphasen unterbrochenen Schlaf. Das gilt etwa für Bären, die sich in ihre Höhlen zurückziehen, um sich auszuruhen. Einige Tiere können in dieser Zeit sogar gebären. Andere stehen auf, um sich an ihrem Nahrungsvorrat zu bedienen, den sie in ihren Höhlen vor dem Einsetzen der Kälte gesammelt haben. Im Grunde ist es so, als würde man den ganzen Winter über im Pyjama auf dem Sofa sitzen, mit Kuscheldecken, dampfendem Tee und guten Serien, um im Warmen zu faulenzen und nach Lust und Laune zu schlafen. Was für ein Leben!

3 Warum hält der Mensch keinen Winterschlaf?

Wir müssen jeden Morgen aufstehen, um zur Arbeit zu gehen - ist das nicht ein Hundeleben? Der Winterschlaf ist ein Schutz für die Tiere, denn sie haben keine Zentralheizung und keine warme Dusche. Vor allem aber sind im Winter die Nahrungsressourcen knapper, sodass sie sich anpassen müssen, um zu überleben. Das ist auch der Grund, warum wir im Winter mehr essen. Unser Körper, dessen Temperatur sehr genau eingestellt ist und der Temperaturschwankungen nicht mag, benötigt Kalorien als Treibstoff, um sich aufzuwärmen. Die Stoffwechselaktivität muss auf Hochtouren laufen und der Körper holt sich die Kalorien aus Zucker und, wenn nötig, aus Fett.

Aber andere Tiere sind wie wir: Sie schlafen nicht wie ein Siebenschläfer den ganzen Winter lang. Deshalb wird der TRPM8-Rezeptor (Transient receptor potential Melastatin 8) aktiviert, um ein Warnsignal zu senden, sobald die Kälte unseren Körper gefährdet. Ein Signal, das bei Winterschläfern nicht vorhanden ist. Quod erat demonstrandum! Sie brauchen also nicht zu versuchen, den TRPM8-Rezeptor in diesem Winter auszuschalten.

Alexandre Marsat

62

NACHTS BEISSEN UNS DIE SPINNEN

Eine kleine Schwellung am Fuß, eine rote Spur am Hals? Kein Zweifel – das war der feige Kuss einer Spinne.

Sie wachen auf und entdecken ganz viele rote Stellen an Ihrem Körper. Bei dem Gedanken, von einer Spinne gebissen worden zu sein, laufen Ihnen Schauer über den Rücken. Es sei denn, die Schuldige ist nicht die, für die man sie hält. Denn »nein, Spinnen stechen nicht«, betont Christine Rollard, Arachnologin am Naturkundemuseum in Paris, immer wieder. Sie beißen ihre Beute, um ihr Gift zu injizieren, das die Beute betäubt oder schon tötet, bevor sie sie vertilgen. Homo sapiens steht jedoch nicht auf ihrem Speiseplan. Außerdem sind 70 Prozent der weltweit 48 700 Spinnenarten kleiner als ein Zentimeter. Das heißt, das Kräfteverhältnis wirkt sich eindeutig zu unseren Gunsten aus. Selbst wenn sie uns beißen wollten, könnten ihre Haken (an den Enden ihrer Kieferklauen[75]) unsere Hautbarriere oft nicht durchdringen, denn unsere Haut ist viel zu dick!

Wir schlucken etwa ein Dutzend Spinnen im Jahr

Im Gegensatz zu Bettwanzen und Moskitos, die sich von unserem Blut ernähren, tun uns die Spinnen nichts. Und die seltenen »Fälle von Bisswunden bei Menschen sind keine Angriffe, sondern Abwehrreaktionen«, wenn man versucht, sie zu greifen. Beruhigt das Arachnophobiker:innen? Nein, denn es herrscht noch ein weiterer Irrglaube, der besagt, dass man im Schlaf pro Jahr etwa zehn Spinnen verschluckt. Christine Rollard betont, dass es sich hierbei um eine Behauptung handelt, für die es »keine biologische Grundlage gibt«.

Sicher, einige wenige Spinnenarten leben in unseren Wohnungen und die meisten kriechen nachts heraus. Aber sie haben keinen Grund, sich in schönen Bettlaken zu wälzen oder in unseren feuchten, unwirtlichen Mund zu kriechen. Da wir weder Beute noch potenzielle Partner:innen sind, sind sie nicht im Geringsten an uns interessiert. Es gibt auch keinen Grund, warum eine Spinne, »die Vibrationen, Luftbewegungen und Gerüche sehr fein wahrnimmt, sich von dem lauten Brummen einer schlafenden Person angezogen fühlen sollte«. Wenn diese Angst Sie trotzdem am Schlafen hindert, sollten Sie sich von einem starken Schnarcher oder einer starken Schnarcherin beschützen lassen.

Da wir weder Beute noch potenzielle Partner:innen sind, interessieren Spinnen sich nicht im Geringsten für uns.

Alexandrine Civard-Racinais

Na los, nur ein kleiner Biss!
?
Meine Karrierepläne stehen auf dem Spiel!

63

HAIE SIND MENSCHENFRESSER

Im Internet kursieren zahlreiche Video- und Fotomontagen von Haiangriffen, die ein negatives und falsches Bild von Haien vermitteln. Denn die Realität sieht ganz anders aus als die Fiktion.

Die Angst, dem Weißen Hai zum Opfer zu fallen, gibt es nicht erst seit Steven Spielbergs Film. Die Angst, verschlungen zu werden, ist tief in unserer Psyche verankert. Dennoch ist eine solche Angst völlig irrational. »Ein Mensch bringt sich mehr in Gefahr, wenn er die Straße überquert, als mit einem Sprung ins Wasser«, sagt Bernard Seret belustigt. Für den Hai-Experten sprechen die Zahlen eine deutliche Sprache.

1 Ist ein Labrador gefährlicher als der Weiße Hai?

»Im Durchschnitt sterben pro Jahr sechs Menschen bei 70 bis 100 registrierten Angriffen weltweit. Das ist nicht viel, wenn man bedenkt, dass die Meere und Ozeane immer häufiger frequentiert werden.« Diese Zahl ist auch im Vergleich zu den »33 Todesfällen durch Hundebisse zu sehen, die in den letzten 20 Jahren allein in Frankreich zu verzeichnen waren. Das entspricht 1,7 Todesfällen pro Jahr. Die meisten dieser Unfälle ereigneten sich zu Hause, und zu den beteiligten Hunderassen gehörte auch der Labrador, der sonst über jeden Verdacht erhaben ist.«

Von den etwa 535 bekannten Haiarten sind drei Arten für mehr als 80 Prozent der tödlichen Zwischenfälle mit Menschen in den letzten fünf Jahrzehnten verantwortlich. Es handelt sich dabei um den Tigerhai, den Bulldoggenhai und den Weißen Hai, die zu den größten fleischfressenden Haiarten gehören. Ihre Gefährlichkeit hängt mit ihrer riesigen Größe und ihrem Vorkommen an den Küsten zusammen. Dennoch ist das Risiko sehr relativ.

2 Haie finden wenig Geschmack an Menschenfleisch

Außerdem »entscheidet« sich ein Hai nicht absichtlich dafür, schwimmende oder surfende Menschen zu fressen. »Wir sprechen hier von einem wilden Tier in seiner natürlichen Umgebung. Der Hai ist ein opportunistisches Raubtier. Beute in Reichweite, die er leicht fangen kann, probiert er, und wenn sie essbar ist, frisst er sie. Das ist alles. So kommt es, dass ein ausgewachsener Weißer Hai menschliche Beute meist »ausspuckt«, weil sie für seinen Geschmack nicht fett genug ist. Die Nahrung eines ausgewachsenen Weißen Hais besteht hauptsächlich aus Seelöwen, Robben und Seeelefanten.

Vor einigen Jahren zeigten Laborversuche (an einer kleineren Art) sogar, dass eine menschliche Blutprobe weniger Interesse beim Hai weckte als die Blutprobe eines Tintenfisches oder einer Garnele. Ein weiterer Beweis dafür, dass Menschen nicht auf ihrem Speiseplan stehen. Stattdessen werden jedes Jahr 70 bis 100 Millionen Haie massakriert, vor allem, um den enormen Appetit der Asiaten auf ihre Flossen zu stillen. Wäre das kein Grund, die Angst in die andere Richtung zu lenken?

Alexandrine Civard-Racinais

64

RATTEN SIND SCHMUTZIGE TIERE

Ratten werden mit Kanalisationen und dunklen und unheimlichen Orten in Verbindung gebracht. Sie gelten sogar als »widerliche« Tiere. Zu Recht?

Als die Wanderratte während des 18. Jahrhunderts mit den ersten chinesischen Einwanderern nach London kam, breitete sie sich schnell aus. Der Ökologe Serge Morand, Forscher am CNRS, erklärt: »Die Wanderratte ist ein ausgezeichneter Schwimmer und hat den menschlichen Lebensraum kolonisiert, indem sie sich über das Wasser Zugang zu den Untergeschossen verschafft hat, bevor sie im Tempo des Fortschritts des europäischen Imperialismus die Welt eroberte.« Das anpassungsfähige Nagetier ist heute in allen Städten der Welt zu Hause und lebt vor allem in Abwasserkanälen. Die meisten Menschen können auf einen so ekligen Nachbarn gut verzichten.

Ein unausrottbarer Ruf

Es gibt jedoch noch viel mehr Vorurteile gegenüber der Ratte, als dass sie schmutzig sei. Dabei ist sie auf die Pflege ihres Fells genauso bedacht wie eine Katze, sie verbringt sogar einen Großteil ihrer Zeit damit. Sie pflegt ihr Fell mehrmals am Tag, allein oder mit anderen. Auch das Schmusen und Ablecken, das vom dominanten Männchen initiiert wird, trägt zum Zusammenhalt der Gruppe bei. Hausratten, die von Wanderratten abstammen, sind ebenfalls reinlich, so lernen sie etwa schnell, ein Katzenklo zu benutzen.

800 Tonnen Abfall pro Tag

Ratten sind also überhaupt nicht schmutzig, sie nehmen uns sogar einen Teil unseres Mülls ab. Die Wanderratte ist ein opportunistischer Allesfresser - im Grunde unser Tischgenosse -, und wir servieren ihr jeden Tag ein Festmahl!

Der WWF schätzt, dass Ratten in der Pariser Kanalisation täglich 800 Tonnen Müll verzehren. Damit spielen sie eine wichtige Rolle bei der Beseitigung des Müllbergs, der vom Menschen verursacht wird. Um zu verhindern, dass diese Nagetiere es sich zur Gewohnheit machen, auf der Suche nach Nahrung an die Oberfläche zu kommen, sollten wir unsere Abfälle nicht auf öffentliche Straßen werfen. Denn Ratten sind zwar nicht schmutzig, aber wie andere Säugetiere auch beherbergen sie Parasiten.

Ratten verbringen einen großen Teil ihrer Zeit mit der Fellpflege, die sie genauso ernst nehmen wie eine Katze.

Laut einer Studie, die 2017 durch die INRA, VetAgro Sup und das Institut Pasteur durchgeführt wurde, wurden bei Wanderratten, die in einem Park außerhalb von Paris gefangen wurden, sieben Parasiten gefunden, die potenziell bei Mensch und Tier krankheitserregend sind.

Alexandrine Civard-Racinais

WELTALL

65

SCHWARZE LÖCHER VERSCHLUCKEN ALLES

Man hielt sie erst für kosmische Monster, die alles in ihrer Nähe verschlingen. In Wirklichkeit sind sie die größten Architekten des Universums – und haben Sterne und Galaxien erschaffen!

Schwarze Löcher waren Gegenstand der Forschung der Wissenschaftler:innen, die 2020 mit dem Nobelpreis für Physik ausgezeichnet wurden.[76] Die Existenz Schwarzer Löcher wurde bereits vorausgesetzt, lange bevor sie durch jahrzehntelange astronomische Beobachtungen nachgewiesen wurde. In unserer Galaxie soll es 100 Millionen von ihnen geben. Aber worum genau handelt es sich dabei? Ein Schwarzes Loch ist ein Himmelskörper, der so massiv und kompakt ist, dass nichts seiner Anziehungskraft (dem Gravitationsfeld) entgeht und jedes Objekt, das sich in seine Nähe bewegt, verschluckt wird. Es ist unmöglich, in ein Schwarzes Loch hineinzuschauen, denn es verschluckt sogar das Licht.

Woher wissen wir dann, dass es existiert? Durch die Sterne und das Gas, die es einsaugt und die, kurz bevor sie verschwinden, Signale aussenden, die durch Teleskope beobachtet werden können.

Schwarze Löcher verschlucken Materie

Schwarze Löcher entstehen in den letzten Phasen der Entwicklung massereicher Sterne, wenn sich der Kern eines Sterns am Ende seines Lebens sehr stark zusammenzieht und die äußeren Schichten des Sterns explodieren. Dieses Phänomen, das als Supernova bezeichnet wird, führt zu einem Ausstoß von Teilchen, die nahezu mit Lichtgeschwindigkeit geschleudert werden. Die Materie kann dabei so heiß werden, dass sie im ultravioletten und im Röntgenbereich leuchtet.

1999 entdeckte das Weltraumteleskop *Chandra* im Herzen unserer Galaxie Röntgenstrahlen, die von der Materie erzeugt wurden, die am Rand des Abgrunds herumwirbelte. Dies war die Signatur von Sagittarius A*, dem supermassiven Schwarzen Loch mit etwa 4 Millionen Sonnenmassen (und einem Volumen, das kleiner ist als das Sonnensystem), das sich im Zentrum der Milchstraße befindet. 2019 hat das Teleskop *Event Horizon* das erste Foto eines supermassereichen Schwarzen Lochs im Zentrum der Galaxie M87.2 aufgenommen.

Keine zerstörerischen Monster

Der Ruf Schwarzer Löcher als zerstörerische Monster ist jedoch übertrieben, da die Gesetze der Gravitation ihren Einfluss ebenso wie den anderer Sterne begrenzen und weil sich das Universum ausdehnt. Wenn sich also die Sonne in ein Schwarzes Loch verwandeln würde (was für uns sehr schlecht wäre), würden sich die Planeten des Sonnensystems (und damit auch die Erde) weiterhin um ihren Orbit drehen, als wäre nichts geschehen. Die Theorie, dass Schwarze Löcher kosmische Unholde sind, wird heute sogar infrage gestellt. Astrophysiker:innen sagen ihnen stattdessen eine ungeahnte Schöpferkraft nach: Sie seien die großen Architekten des Universums und hätten die ersten Sterne und Galaxien erschaffen. Die riesigen Laserinterferometer *Ligo* und *Virgo*, die unter anderem Gravitationswellen[77] aufspüren, die durch die Kollision zweier Schwarzer Löcher entstehen, könnten uns helfen, bald mehr über diese faszinierenden Himmelsobjekte zu erfahren.

Florence Heimburger

66

MAN KANN DIE CHINESISCHE MAUER AUS DEM WELTALL SEHEN

Sie ist so riesig, dass man sie sogar aus dem Weltall sieht! Die Chinesische Mauer kann dank ihrer unglaublichen Größe aus sehr weiter Ferne betrachtet werden – stimmt das wirklich?

Diese Vorstellung verdanken wir höchstwahrscheinlich einem britischen Antiquar aus dem 18. Jahrhundert, William Stukeley, der in einem Brief schrieb: »Der Hadrianswall [eine Befestigungsanlage, die zwischen 122 und 127 n. Chr. über die Breite des Nordens des heutigen Englands erbaut wurde, also etwa 117,5 Kilometer] wird nur durch die Chinesische Mauer übertroffen [6700 Kilometer lang], die ein gewaltiges Muster auf der Erdkugel bildet und vielleicht sogar vom Mond aus zu sehen ist.«

In der Folge wurde diese Vorstellung von zahlreichen Autor:innen aufgegriffen und zu einem Mythos, den die Presse aufgriff. Mit der Eroberung des Weltraums in der zweiten Hälfte des 20. Jahrhunderts konnte die Behauptung bestätigt oder widerlegt werden. 1969 wurde die Frage den Astronauten der Mission Apollo XI gestellt, die als Erste einen Fuß auf den Mond gesetzt haben. Der amerikanische Astronaut Neil Armstrong gab an, die Chinesische Mauer von dort oben nicht gesehen zu haben, aber seine Kollegen Eugene Cernan und Ed Lu behaupteten das Gegenteil. Sie hätten sie 160 oder sogar 320 Kilometer von der Erde entfernt gesehen, wobei der Mond 384 000 Kilometer entfernt ist.

Kontroverse bei den Weltraumbehörden

Die NASA und die Europäische Weltraumorganisation (ESA) versuchten, diese Kontroverse zu schlichten. 2004 behauptete die ESA, dass das chinesische Bauwerk auf einem Foto (bei dem die Auflösung des Objektivs im Vergleich zur Auflösung des Auges unbekannt ist) in 600 Kilometern Entfernung vom blauen Planeten zu sehen sei. Schließlich gab die ESA zu, dass es sich bei der Aufnahme in Wirklichkeit um einen Fluss handelte, der in der Nähe fließt.

Was sagt die Wissenschaft? Die Auflösung des menschlichen Auges (*r*) beträgt etwa eine Bogenminute (oder 1/60 Grad) und hängt von der Entfernung (*d*) des zu beobachtenden Objekts ab. Sie ist definiert als $r = d * \tan(\frac{\pi}{30x360})$, was bedeutet, dass ein Objekt, das kleiner als *r* ist und aus einer Entfernung von *d* betrachtet wird, für das bloße Auge nicht sichtbar ist.

Schließlich gab die ESA zu, dass es sich bei der Aufnahme um einen Fluss handelte, der in der Nähe floss.

Außerdem beginnt der Weltraum jenseits der Atmosphäre, das heißt, ab einer Höhe von 100 Kilometern. Nach der obigen Formel kann unser Auge in dieser Entfernung ein Objekt von etwa 30 Metern Größe sehen. Sieht man die Chinesische Mauer aus dieser Entfernung? Die Antwort lautet Nein, denn die Chinesische Mauer ist zwar 6700 Kilometer lang, aber nur fünf bis sieben Meter breit, und es ist die kleinste Dimension, die zählt. Aus demselben Grund können wir ein Haar mit einem Durchmesser von 100 Mikrometern nicht aus einem Meter Entfernung sehen, egal, wie lang es ist, da die Auflösung auf diese Entfernung etwa 300 Mikrometer beträgt!

Um vom Mond aus sichtbar zu sein, müsste die Große Mauer also mindestens 111 Kilometer breit sein. Mit ihrer derzeitigen Größe ist sie gerade mal bis zu einer maximalen Höhe von 24 Kilometern sichtbar.

Florence Heimburger

67

IM WELTALL SCHWEBT MAN

Es wird oft behauptet, dass es im Weltall keine Schwerkraft gibt, was unter anderem das Schweben der Astronaut:innen in der Internationalen Raumstation erklären würde. Wie ist es wirklich?

Wir alle kennen die Bilder des Astronauten Thomas Pesquet und seiner Kolleg:innen, die in der Internationalen Raumstation (ISS) während einer »niedrigen« Umlaufbahn 408 Kilometer über der Erde schweben.

Fälschlicherweise wird oft angenommen, dass dies auf die geringe – um nicht zu sagen gar keine – Erdanziehung (Schwerkraft) in der Raumkabine zurückzuführen sei. Das stimmt aber nicht! Auch auf der ISS besteht Erdanziehung, nur dass sie etwas weniger stark ist als auf der Erdoberfläche. Sie entspricht etwa 88 Prozent der Schwerkraft, die auf der Oberfläche des blauen Planeten herrscht.

Zentrifugalkraft

Warum schweben Weltallreisende dann? Weil sie sich in einem ständigen freien Fall befinden! In Wirklichkeit wird die Anziehungskraft der Erde durch die Zentrifugalkraft der Station ausgeglichen (die gleiche Kraft, die uns in einem Hochgeschwindigkeitskarussell vom Mittelpunkt wegtreibt). Die ISS umkreist die Erde mit einer Geschwindigkeit von 27700 km/h! Die Zentrifugalkraft und die Gravitationskraft heben sich gegenseitig auf, sodass keine Kraft auf die Reisenden wirkt. Es ist so, als ob die Schwerkraft nicht mehr existieren würde! Sie spüren die Auswirkungen der Schwerelosigkeit.

Warum schweben Weltallreisende? Weil sie sich in einem ständigen freien Fall befinden!

Massen fallen mit gleicher Geschwindigkeit

Das gleichmäßige Schweben von Gegenständen und Personen ist darauf zurückzuführen, dass im Weltall alle Körper unabhängig von ihrer Masse mit der gleichen Geschwindigkeit fallen. Der Beweis: Bei einem Schulversuch fallen eine Bleikugel und eine Feder mit der gleichen Geschwindigkeit in eine evakuierte Röhre. Dasselbe passiert mit dem Raumschiff, den Astronaut:innen und den Gegenständen im Inneren des Raumschiffs: Sie »fallen« alle mit der gleichen Geschwindigkeit und befinden sich daher aufgrund der kumulativen Wirkung der Gravitations- und Zentrifugalkraft in einem Zustand der Schwerelosigkeit.

Florence Heimburger

68

DAS WELTALL IST UNENDLICH

Ist das Universum endlich oder nicht? Diese schwindelerregende Frage kann nicht beantwortet werden, aber die neuesten Daten deuten darauf hin, dass es kugelförmig (also endlich) und randlos sein könnte. Dies schließt die Existenz anderer Universen nicht aus – und zwar unbegrenzter!

Die Kosmologie befindet sich seit Ende 2019 in einer Krise: Den Daten zufolge, die das europäische Weltraumteleskop *Planck* gesammelt hat, ist das Universum nicht flach und unendlich, wie bisher angenommen, sondern ... rund und endlich! Erklärung: Vor 13,77 Milliarden Jahren ereignete sich der »Urknall«, die »Geburt«[78] des Universums, das sich wie ein Ballon ausdehnt und immer größer wird. Ist das Universum endlich oder unendlich? Hat es Grenzen? Es ist bekannt, dass die Endlichkeit des Universums unter anderem auf seiner Krümmung beruht. Es gibt drei Hypothesen: Ist die Krümmung positiv, ist das Universum kugelförmig und sein Volumen zwangsläufig endlich; ist sie negativ, ist es hyperbolisch; ist sie null, ist es flach. Die beiden letztgenannten Theorien können auch auf ein unendliches Universum zutreffen.

Eine positive Krümmung für ein kugelförmiges, endliches Universum

Wie groß ist diese Krümmung? Sie hängt von der Menge an baryonischer Materie (alle Materie, die aus baryonischen Teilchen, den sogenannten Baryonen, besteht) und dunkler Materie (die nie beobachtet wurde und von der nur die Masse bekannt ist) im Universum ab, die das Raum-Zeit-Kontinuum in gewisser Weise formen, wie in der allgemeinen Relativitätstheorie (die von Albert Einstein entwickelt wurde) beschrieben. Außerdem muss die »kosmologische Konstante« berücksichtigt werden, die in die Relativitätsgleichungen eingeführt wurde, um die aktuelle Beschleunigung der kosmischen Expansion zu berücksichtigen. Diese Informationen können aus den Eigenschaften der kosmischen Hintergrundstrahlung abgeleitet werden, dem Licht, das vom Urknall übrig geblieben ist. Die Hintergrundstrahlung wurde zwischen 2009 und 2013 vom *Planck*-Satelliten mit großer Genauigkeit kartografiert, wodurch es möglich wurde, einen Wert für die Krümmung zu bestimmen. Die Krümmung soll sehr nahe bei null liegen und leicht positiv oder negativ sein. Eine Studie, die 2019 in der Fachzeitschrift *Nature Astronomy*[79] veröffentlicht wurde, basiert auf einer neuen Interpretation der *Planck*-Daten und schließt »mit 99-prozentiger Wahrscheinlichkeit« auf eine positive Krümmung. Dieses Ergebnis muss noch bestätigt werden, aber die Idee eines sphärischen (oder eher hypersphärischen, das heißt einer 3-D-Oberfläche, die in einem 4-D-Raum gekrümmt ist) und damit endlichen Universums ist nicht ausgeschlossen.

Da wir mit unseren derzeitigen Instrumenten nur Zugang zum beobachtbaren Universum haben, ist es unmöglich, dieses Rätsel endgültig zu lösen.

Ein endliches Universum, das unendliche Universen enthält?

Aber selbst wenn das Universum endlich wäre, könnte es andere Universen enthalten – und zwar unendliche! Das ist das Konzept der multiplen Universen, das in den 1980er-Jahren entstand. Nach der Stringtheorie, deren Ziel es ist, die Quantenwelt, die die unendlich kleinen Elementarteilchen beschreibt, mit der allgemeinen Relativitätstheorie, die die Raumzeit im großen Maßstab verfolgt, in Einklang zu bringen, gäbe es 10^{500} mögliche Universen! Das ist wirklich schwindelerregend!

Florence Heimburger

69

ES IST UNMÖGLICH, EINEN ASTEROIDENGÜRTEL ZU DURCHQUEREN!

In unserem Sonnensystem gibt es zwei Asteroidengürtel, die eine Raumsonde angeblich nicht durchqueren kann – das ist nicht wahr!

Es gibt zwei Asteroidengürtel in unserem Sonnensystem: den Hauptgürtel, der sich zwischen den Umlaufbahnen von Mars und Jupiter befindet, und den Kuipergürtel, der jenseits von Neptun liegt. Auf diesen Ringen kreisen mehrere Hunderttausend – oder sogar Millionen – Asteroiden. Ihre Größe variiert von der von Staubkörnern (entstanden durch Kollisionen) bis hin zu der von Planetoiden mit einem Durchmesser von einigen hundert Kilometern. Wie der Zwergplanet Ceres, der größte Asteroid im Hauptgürtel (1000 Kilometer Durchmesser).

Im Gegensatz zu dem, was in vielen Science-Fiction-Filmen wie etwa *Star Wars* gezeigt wird, ist das Durchqueren eines Asteroidengürtels nicht so gefährlich, wie es scheint – es sei denn, man fliegt mit Lichtgeschwindigkeit, was das Risiko eines Zusammenstoßes vervielfachen würde.

Denn auch wenn der Gürtel dicht mit Himmelskörpern besiedelt ist, er ist so riesig, dass er im Wesentlichen leer ist!

Eine Million Kilometer zwischen zwei Gesteinsbrocken

Jeder Asteroid ist im Durchschnitt eine Million Kilometer vom nächsten entfernt, was mehr als dem Zweifachen der Entfernung zwischen Erde und Mond entspricht. NASA-Forscher schätzten, dass alle zehn Millionen Jahre eine Kollision zwischen zwei Körpern mit einem Durchmesser von mehr als zehn Kilometern stattfindet, was zwar in astronomischen Maßstäben häufig vorkommt, nicht aber nach menschlichem Ermessen.

Die Wahrscheinlichkeit, dass eine Sonde auf einen Asteroiden im Gürtel trifft, liegt bei weniger als einem Milliardstel.

1972 hat das Raumschiff Pioneer 10 als Erstes den Hauptgürtel unbeschadet durchquert, seitdem haben es ihm neun andere Sonden gleichgetan (Voyager 2, Galileo, Cassini, NEAR) – und das ohne Pilot an Bord! Laut dem amerikanischen Astronomen Alan Stern liegt die Wahrscheinlichkeit, dass eine Sonde auf einen Asteroiden im Hauptgürtel trifft, bei weniger als einem Milliardstel.

1400 Asteroiden bedrohen die Erde

Doch was ist mit den Asteroiden, die in der Lage wären, uns zu treffen? Laut einem NASA-Bericht von 2013 sind mindestens 1400 große Objekte mit einem Durchmesser von mehr als 140 Metern potenziell gefährlich, da sie auf einem erdnahen Orbit kreisen.

Der Meteoritenschauer, der 2013 über dem Ural niederging, war durch die Zersplitterung eines Asteroiden mit einem Durchmesser von »nur« 17 Metern beim Eintritt in die Atmosphäre entstanden und hat über tausend Verletzte gefordert.

Zum Glück gibt es heute Lösungen, um im Fall des Falles einen Asteroiden, der auf die Erde zusteuert, abzuwehren: Man kann eine Atombombe in einiger Entfernung vom »erdnahen Objekt« zünden, um seine Flugbahn zu ändern (wie im Film *Armageddon)*, einen Gravitationstraktor installieren, um den Asteroiden abzulenken, oder einen kinetischen Impaktor auf den Asteroiden schießen. Es werden also alle Mittel eingesetzt, um zu verhindern, dass uns der Himmel auf den Kopf fällt! Der Haken an diesen Maßnahmen jedoch ist, dass sie erst mit einer Vorlaufzeit von mehreren Jahren umgesetzt werden können.

Florence Heimburger

70

DER MOND HAT EINE DUNKLE SEITE

Wenn es eine dunkle Seite des Mondes gibt, dann nur für uns auf der Erde. Das war aber nicht immer so. Warum zeigt uns der Mond heute immer das gleiche Gesicht?

Wir, die wir auf der Erde leben, sehen immer nur die eine Halbkugel des Mondes – seine »sichtbare« Seite. Warum ist das so? Weil die Erde und diese Seite des Mondes sich immer gegenüberstehen, wie zwei Menschen, die sich an den Händen halten und sich gemeinsam drehen, während sie sich ansehen. Man sagt, dass die Rotation der Erde und die des Mondes blockiert sind, man spricht auch von »Gravitationsverriegelung«.

Das (von dem Physiker Isaac Newton beschriebene) Spiel der Gravitationskraft zwischen Erde und Mond hat die Rotationsgeschwindigkeit des Mondes um sich selbst gebremst, bis es zu einer synchronen Rotation gekommen ist: Die Umlaufzeit des Mondes um die Erde ist ähnlich der Rotationszeit des Mondes um sich selbst, nämlich 27,3 Tage. Dieses Phänomen sorgt für einen stabilen Zustand zwischen den beiden Himmelskörpern, sodass sich das Paar Erde-Mond im Gleichgewicht befindet.

Das war nicht immer so. Vor einigen Jahrmillionen bewegten sich der Mond und die Erde unabhängig voneinander. Der Mond

Sie haben bestimmt auch eine Schokoladenseite!

drehte sich schneller als heute um seine eigene Achse und entfaltete den Lebewesen auf der Erde Nacht für Nacht, je nach Sonneneinstrahlung, seine gesamte Oberfläche.

Der Mond entfernt sich

Diese Synchronität ist allgegenwärtig im Sonnensystem (etwa auch beim Mars und seinem Satelliten Phobos) und wird auf Gezeitenphänomene zurückgeführt.

Die Reibung, die bei den Gezeiten auftritt, entzieht dem System Erde-Mond Energie, sodass sich der Mond, ein Himmelsobjekt in 384 000 Kilometer Entfernung vom Blauen Planeten, weiter entfernt – um 3,84 Zentimeter pro Jahr. Das ist nicht viel, aber genug, dass der natürliche Satellit der Erde in einigen Millionen Jahren so weit abgedriftet sein wird, dass es keine totalen Sonnenfinsternisse mehr geben wird. Aus diesem Grund rät der französisch-kanadische Astrophysiker Hubert Reeves, dem es nicht an Humor fehlt, in einem YouTube-Video: »Genießen Sie sie, solange es noch geht!« Die Rückseite des Mondes ist für uns zwar nicht sichtbar, aber dennoch interessant: Man könnte dort Antennen installieren, um den Himmel zu belauschen, und so die Störgeräusche der irdischen Telekommunikation umgehen. Um die Attraktivität eines solchen Projekts zu prüfen, haben die Chinesen im Dezember 2018 die Sonde Chang'e 4 (benannt nach der Mondgöttin in der chinesischen Mythologie) dorthin geschickt (sie ist am 3. Januar 2019 im Mondkrater Von Kármán gelandet)[80].

Der Mond entfernt sich jährlich um 3,84 Zentimeter von der Erde.

Florence Heimburger

71

DER WELTRAUM IST LEER!

In der Physik bezeichnet das Vakuum die völlige Abwesenheit von Materie. Für Laien ist eine Flasche leer, wenn sie nicht mit Flüssigkeit gefüllt ist. Auf der Erde gibt es aber kein Vakuum, da sich die Materie immer in flüssigem, gasförmigem oder festem Zustand befindet. Im Universum sieht es anders aus.

»Die Natur verabscheut das Vakuum.« Diese Behauptung von Aristoteles, die in allen möglichen und unmöglichen Zusammenhängen wiederholt wird, drückt letztlich etwas anderes aus. Was, wenn es die Menschen sind, die Angst vor der Leere haben? Die Leere ist das, was wir nicht beherrschen, da sie per definitionem nicht greifbar ist. Wie kann man das Unbegreifliche erfassen? Die Leere könnte folglich nicht als konkretes Element existieren, da »sie leer ist«.

Der Vorteil ist, dass auf der Erde nichts leer ist. Nicht einmal das Wasserglas. Überall um uns herum gibt es Materie in flüssiger, fester oder gasförmiger Form. Selbst die Luft, die uns umgibt, ist nicht leer.

Wenn man in die unendliche Weite des Vakuums eintaucht, taucht man in das Unbekannte ein, in die Unendlichkeit. Ist der Weltraum ein Vakuum? Ganz bestimmt. Die Weltraumforschung hat gezeigt, dass man durch ein Vakuum fliegt, sobald man von der Erde gestartet ist, oder genauer gesagt, sobald man die Erdatmosphäre verlassen hat. Die Astronaut:innen treten dann in das Vakuum des Weltraums ein.

Aber noch einmal: Was in der Physik als Vakuum bezeichnet wird, ist die Abwesenheit von Materie. Das »Vakuum im Weltraum« beginnt ab etwa 100 Kilometern oberhalb des Bodens und bezieht sich nur auf den Raum außerhalb der Erdatmosphäre. In diesem »außeratmosphärischen« Bereich gibt es keine Luft mehr – Staub und Gase aber schon! Die ESA erklärt: »Ohne Luft, die das Sonnenlicht streut und einen blauen Himmel erzeugt, sieht der Weltraum aus wie eine schwarze, mit Sternen gespickte Decke.« Das bezeichnet man also als Vakuum.

Wenn es keine Atmosphäre gibt, ist der Weltraum nicht mit Luft gefüllt, wie es auf der Erde der Fall ist. Ohne Luft kann sich kein Schall ausbreiten (siehe S. 223, »Im Weltraum hört dich niemand schreien!«).

Da der Mensch das Vakuum verabscheut, hat er den Weltraum mit Satelliten gefüllt. Heute gibt es etwa 34 000 Objekte, die größer als zehn Zentimeter sind und mit Satelliten und Raketen in Verbindung stehen, die in das Vakuum des Weltraums geschickt wurden.

Kurz gesagt, der Weltraum ist ein echtes falsches Vakuum.

Alexandre Marsat

Was ist denn los, was hast du?
Ich habe Angst vor der Leeeeere!!

72

IM WELTRAUM HÖRT DICH NIEMAND SCHREIEN!

Diese berühmte Zeile aus dem Film *Alien – Das unheimliche Wesen aus einer fremden Welt* ist wahr und falsch zugleich. Hier folgt die Erklärung.

Wenn Sie während der Erkundung des Weltraums angegriffen werden (eine unwahrscheinliche Situation, aber man weiß ja nie!), bringt es nichts, wenn Sie um Hilfe rufen. Zunächst einmal werden wahrscheinlich nicht viele Menschen in Hörweite sein, vor allem aber kann Sie niemand schreien hören, da sich der Schall im Weltraum nicht ausbreitet.

Zu wenige Atome

Warum ist das so? Weil es keine oder zu wenig Materie gibt, die sich ausbreiten kann. Erinnern Sie sich an den Physikunterricht, als es um die Ausbreitung von Schall ging? Wenn wir sprechen (respektive schreien), vibrieren unsere Stimmbänder, ähnlich wie die Saiten einer Gitarre. Diese Schallwellen versetzen die Luft um sie herum in Schwingung, was sich in Druckveränderungen in der Luft äußert, die wiederum unser Trommelfell in Schwingung bringen und uns das Hören ermöglichen. Dieses Phänomen ist jedoch nur möglich, wenn die Materiedichte in der Luft – die Dichte der Sauerstoff- und Stickstoffatome – ausreicht, damit sich der Schall von Atom zu Atom ausbreitet. Im Weltraum sind diese Atome jedoch viel seltener.

Radiowellen schaffen Abhilfe

Wie können Astronaut:innen dann mit ihrer Station kommunizieren? Sie können andere Arten von Wellen verwenden, etwa Radiowellen, die elektromagnetisch sind und sich im Vakuum ausbreiten. Außerdem befindet sich in ihrem Raumanzug Luft, damit sie atmen können. Die Schallwellen können also bis zum Mikrofon vordringen, das das Schallsignal in ein Radiosignal umwandelt.

Eine andere Lösung wird von der NASA in Betracht gezogen. Sie wird auch von der ESA, Airbus Defence and Space und SpaceX untersucht. Dabei würde ein Laser, eine andere Art von elektromagnetischen Wellen, verwendet, um die Menge der übertragenen Daten erheblich zu erhöhen.

Derzeit dominiert im Weltraum noch die Kommunikation über

Radiowellen, eine herkömmliche und sehr effiziente Technologie. Die optische Kommunikation würde jedoch höhere Datenraten und eine größere Sicherheit bieten. Wie dem auch sei, Sie sind nun für Ihre Interstellare Tour vorgewarnt: Nehmen Sie ein Funkgerät mit, damit Sie im Falle eines Angriffs im Weltraum um Hilfe rufen können.

Florence Heimburger

73

BALD WERDEN WIR AUF DEM MARS LEBEN!

Der Planet Mars ist der Erde am ähnlichsten. Manche Menschen hoffen, dass sie dort eine Kolonie gründen können. Doch wie weit sind die Pläne zur Kolonisierung des Mars gediehen?

Eine Temperatur von minus 63 Grad, eine Atmosphäre, in der man nicht atmen kann (da sie hauptsächlich aus Kohlendioxid besteht), eine sehr hohe Radioaktivität (da es keine Magnetosphäre um den Mars gibt), Wasser nur in Form von Eis und Staubstürme. Wenn man das Leben auf dem Mars beschreibt, klingt es nicht gerade verlockend. Und doch steht der rote Planet, der je nach Standort zwischen 56 Millionen und 76 Millionen Kilometer von uns entfernt ist, seit Langem im Fokus der Forschung.

Da er in der Reihenfolge seiner Entfernung von der Sonne direkt nach der Erde kommt, fasziniert er Astronaut:innen, die davon träumen, diesen Planeten eines Tages zu betreten. Im Jahr 2020 hat der Run auf den Mars an Fahrt aufgenommen; für den Sommer waren vier Weltraummissionen zum roten Planeten geplant: die amerikanische Weltraummission Mars 2020 mit einem Astromobil an Bord, die chinesische Huoxing-1 (oder HX-1) mit einem Orbiter, einer Landesonde und einem Rover, die russisch-europäische ExoMars 2020 mit einem Rover (eine Mission der Europäischen Weltraumorganisation) und schließlich die Sonde Hope mit einem Orbiter, der von den Vereinigten Arabischen Emiraten auf einer japanischen Rakete gestartet wurde. Darüber hinaus ist am 18. Februar 2021 der amerikanische Mars-Rover Perseverance gelandet, der den roten Planeten erforschen soll.

Eine komplizierte Reise

Während frühere Missionen (von denen acht von 18 erfolgreich waren) das Ziel hatten, herauszufinden, ob es Wasser auf dem Mars gibt, zielen die jüngsten eher darauf ab, die Bewohnbarkeit des Planeten zu überprüfen. Die Besiedlung des Mars liegt dem milliardenschweren Unternehmer, SpaceX- und Tesla-Chef Elon Musk besonders am Herzen. SpaceX wurde 2002 gegründet und stellt die Falcon-Raketen her, die den großen staatlichen Raumfahrtagenturen ernsthafte Konkurrenz machen. Das Unternehmen hat sich zum Ziel gesetzt, ein interplanetares Raumschiff namens Starship zu entwickeln (von dem drei Prototypen bei der Landung oder einige Minuten später explodiert sind) und eine autonome und dauerhafte Basis auf dem roten Planeten zu errichten.

Dennoch, die Eroberung des Mars rückt technisch gesehen nicht in greifbare Nähe, denn das Transportproblem ist noch lange nicht gelöst. Außerdem würde die Reise im besten Fall mehrere Monate dauern. Wenn die Erde und der Mars optimal aufeinander ausgerichtet sind, was nur alle 26 Monate der Fall ist, rechnen Expert:innen mit einer hypothetischen Gesamtdauer von 640 Tagen.

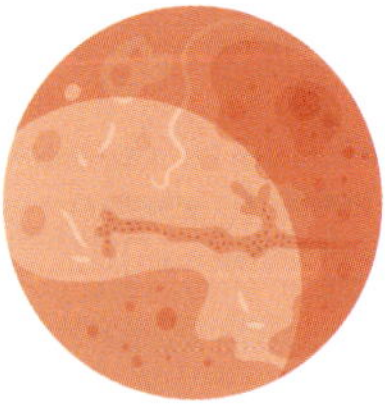

Was ist das Ziel für 2030?

Da der Mars keinen Lebensraum für den Menschen bietet, könnte er nur in künstlich geschaffenen Bereichen oder sogar nur unterirdisch überleben. Das würde bedeuten, dass man im Raumfahrzeug Material in astronomischen Mengen mit sich führen müsste, was nicht machbar wäre. Die Versorgung mit Lebensmitteln würde nur über geschlossene Gewächshäuser funktionieren – von denen man aber noch immer nicht weiß, wie sie betrieben werden können, und das auf der Erde. Da die Schwerkraft auf dem Mars dreimal geringer ist als auf der Erde, würden sich die Knochen der Bewohner:innen schnell und gefährlich entkalken. Auch wenn es eines Tages möglich sein wird, dass bemannte Missionen den roten Planeten erforschen, eine dauerhafte Ansiedlung von Menschen scheint unwahrscheinlich. Als Ziel wird das Jahr 2030 genannt, aber es gibt noch viele technologische Hürden.

Florence Heimburger

74

ES GIBT KEINE AUSSERIRDISCHEN!

Gibt es Leben außerhalb der Erde oder sind wir allein im Universum? Diese Frage beschäftigt sogar die Wissenschaft. Die Hypothese, dass es außerirdisches Leben gibt, wird von vielen Expert:innen inzwischen sehr ernst genommen. Hier sind ihre Argumente.

Der berühmte britische Astrophysiker Stephen Hawking, der 2018 an der Charcot-Krankheit verstarb, war davon überzeugt, dass es weiteres Leben im Universum gibt und wir bis zum Ende dieses Jahrhunderts den Beweis dafür finden werden. Die jüngsten Entdeckungen in diesem Bereich haben die Debatte neu entfacht.

2020 kündigte die NASA die Entdeckung eines weiteren Sonnensystems an, das 40 Lichtjahre von der Erde entfernt liegt. Nach Angaben der NASA könnten drei der sieben Planeten, die um den Stern Trappist-1 herum entdeckt wurden, lebensfreundliche Bedingungen aufweisen. Dazu gehören die Temperaturen und der atmosphärische Druck auf der Oberfläche, die das Vorhandensein von Wasser in flüssiger Form ermöglichen. Aber auch die Existenz von organischer Materie (Moleküle, die Kohlenstoff enthalten) und die Lage in einer habitablen Zone sind wichtig, also nicht zu nah oder zu weit von seiner Sonne entfernt.

Milliarden Planeten

Die Raumsonde Cassini hat auf der Oberfläche des Saturnmondes Enceladus Geysire aus Eis und Wasserdampf entdeckt, die auf einen Ozean in geringer Tiefe unter der Oberfläche hindeuten.

Drei Forschende der Harvard University, des Biotech-Unternehmens Plex Corporation und von Bruker Scientific veröffentlichten ihre massenspektrometrischen Analysen des Meteoriten Acfer 086, der vor 30 Jahren in Algerien gefunden wurde. Zu ihrer Überraschung fanden sie ein Molekül, das sie Hemolithin nannten und das in seiner Struktur einigen irdischen Proteinen ähnelt. Und Proteine bedeuten einen ersten Schritt in Richtung Leben.

> ***Hunderte Millionen Dollar wurden in SETI investiert, das den Himmel unermüdlich nach Signalen von einem anderen Planeten absucht – bisher ohne Erfolg!***

Außerdem gibt es allein in unserer Galaxie Milliarden von bewohnbaren Planeten – eine schwindelerregende Zahl, die es statistisch unwahrscheinlich macht, dass sich Leben und sogar intelligente Zivilisationen nur auf unserem Planeten entwickelt haben.

Dennoch wurden in den letzten 30 Jahren Hunderte Millionen Dollar in das Search for Extra Terrestrial Intelligence Institute (SETI) investiert, ein amerikanisches Forschungsinstitut, das den Himmel unermüdlich nach Signalen von einem anderen Planeten absucht – bisher ohne Erfolg.

Wenn sie ausgesendet werden, warum schaffen wir es nicht, sie zu empfangen? Dafür gibt es mehrere Hypothesen: Wir suchen nicht am richtigen Ort (die Milchstraße hat einen Durchmesser von 100 000 Lichtjahren), die Außerirdischen unterscheiden sich sehr stark von uns (primitives, mikrobielles Leben), sie sind zu weit weg (Signale vom anderen Ende der Milchstraße brauchen Jahrtausende, um uns zu erreichen), sie sind noch nicht geboren oder schon tot. Bester Stoff für viele weitere Science-Fiction-Filme!

Florence Heimburger

75

EIN SATELLIT FÄLLT IMMER AUF DIE ERDE

Nein, nicht alle Satelliten fallen auf die Erde, aber das Phänomen tritt recht häufig auf. Zum Glück beginnt der Prozess des Zerfalls bereits in der Atmosphäre.

Der Raum um die Erde ist zunehmend überfüllt, insbesondere mit Satelliten, da wir – unter anderem – einen immer besseren Zugang zum Internet haben wollen. Insgesamt sollen derzeit fast 34 000 von Menschenhand geschaffene Objekte mit einer Größe von mehr als zehn Zentimetern unseren Planeten umkreisen.[81] Abgesehen von der Kollisionsgefahr – können uns Satelliten, die den Geist aufgeben oder das Ende ihrer Lebensdauer erreicht haben, auf den Kopf fallen?

Zunächst ein Blick auf das Prinzip von Satelliten: Damit ein Objekt die Erde umkreisen kann, muss seine Radialgeschwindigkeit (senkrecht zur Geraden durch den Erdmittelpunkt und den Satelliten), die sogenannte Injektionsgeschwindigkeit, groß genug sein. Je nach Geschwindigkeit ist seine Umlaufbahn kreisförmig oder elliptisch. Wenn die Geschwindigkeit einen bestimmten Wert überschreitet, entzieht sich der Satellit der Erdanziehung (Gravitation) und bewegt sich von der Erde weg in das Vakuum des Weltalls.

Wenn die Geschwindigkeit abnimmt, droht der freie Fall!

Wenn die Geschwindigkeit nicht ausreicht, nähert sich der Satellit der Erde und tritt in die Atmosphäre ein, bevor er auf die Erdoberfläche stürzt. Die Tausenden Objekte, die unseren Planeten umkreisen, sind daher mit Motoren ausgestattet. Sobald die Erdanziehungskraft den Satelliten langsam nach unten zieht, werden die Motoren aktiviert, sodass er seine ideale Geschwindigkeit um die Umlaufbahn wiederfindet. Aber die Energie ist nicht unendlich! Wenn ihnen der Treibstoff ausgeht, können sie abstürzen – wenn sie nicht in eine Abfallumlaufbahn (oder Müllumlaufbahn bzw. Friedhof-Umlaufbahn, über 230 Kilometer) gebracht werden, in die ein ausgedienter Satellit transferiert wird.

Dies ist mit dem 1991 von der NASA in die Umlaufbahn gebrachten Satelliten zur Erforschung der oberen Luftschicht (UARS) geschehen – 2005 fielen seine Triebwerke aus. Im Jahr 2011 stürzte er im freien Fall ab, ohne dass die NASA ihn kontrollieren konnte. Der Koloss wog 5668 Kilogramm, und beim Eintritt in die Atmosphäre reichte die Luftreibung nicht aus, um ihn vollständig zu entzünden und in tausend Stücke zu sprengen.

Die NASA schätzte damals, dass er in 26 gefährliche Objekte zerfallen würde und dass die Wahrscheinlichkeit (das Risiko), dass sein Fall ein Opfer fordert, bei 3200 zu eins lag.[82] Zum Glück fielen die Trümmer von UARS schließlich in den Nordpazifik.

Die meisten zerfallen beim Eintritt in die Atmosphäre

Im April 2015 war es der russische Raumfrachter Progress, der den Menschen auf der Erde Sorgen bereitet hat. (Er sollte eigentlich die Internationale Raumstation ISS versorgen.) Es ist jedoch bekannt, dass fast alle ähnlichen Raumfahrzeuge in der Atmosphäre zerfallen oder in die Ozeane gelangen, da sie den größten Teil der Erdoberfläche ausmachen.

Letztlich würde uns ein allgemeiner Ausfall all unserer Satelliten viel mehr schaden, denn sie ermöglichen es uns, täglich zu kommunizieren (Internet, Smartphone), mit dem Zug, dem Flugzeug oder dem Schiff zu reisen, das Wetter vorherzusagen und digitales Fernsehen zu sehen!

Florence Heimburger

76

ES GIBT TAUSENDE STERNE

**Wenn man zum Himmel blickt,
sieht man Tausende Sterne. Tausende? Nur?**

Bevor wir die Sterne zählen, kehren wir erst einmal zum Schulunterricht zurück. Wir kennen einen Stern, den wir jeden Tag (aber nicht in der Nacht) sehen – die Sonne. Unser Sternensystem ist um einen Stern herum angeordnet, und das ist der Stern, der uns wärmt. In der Galaxie ist unser Sonnensystem jedoch nur ein kleines Sandkorn an einem Küstenstrand …

Um sich ein Bild von der gewaltigen Aufgabe zu machen, die Sterne zu zählen, schauen Sie in einer wolkenlosen Nacht in den Himmel und notieren Sie sie auf einem Notizblock. Sie werden am Morgen Kopfschmerzen haben und immer noch nicht alle Sterne gezählt haben. Denn die Milchstraße leuchtet mit tausend Sternenlichtern. Jetzt, wo Sie den Maßstab gewechselt haben, indem Sie über unser Sonnensystem hinausgegangen sind, wollen wir noch eine Stufe höher gehen. Das, was wir die Milchstraße nennen, ist »nur« unsere Galaxie …

Und dann gibt es noch das Universum. Und hier kann es einem ganz schwindlig werden: Das Universum besteht nicht nur aus Tausenden, sondern aus Hunderten von Milliarden Galaxien!

Von der Galaxie zum Universum

Sonnensystem, Milchstraße, Galaxien, Universum. Wollen Sie immer noch alle Sterne zählen? Aber selbst die Astronom:innen wissen nicht, wie viele Sterne es im Universum gibt. Nicht einmal in unserer Galaxie. Allein in unserer Galaxie sollen es etwa 200 Milliarden Sterne sein.

Rechnet man mit einer winzigen Fehlerquote von einem Prozent, wären das zwei Milliarden Sandkörner am Strand. Für das Universum spricht man von 70 Trillionen – eine Trillion ist eine Eins mit 18 Nullen! Wir haben Sie gewarnt. Der Ausdruck »mit dem Kopf in den Sternen« bekommt eine völlig neue Bedeutung! Und wir entdecken regelmäßig neue Galaxien, dank der Technologie der leistungsstärksten Röntgenteleskope, die den schönen Namen »Advanced Deep Extragalactic Survey« trägt. Dadurch erhöht sich die Anzahl der Sterne immer weiter.

Was ist mit den Sternschnuppen?

Könnte man dann nicht wenigstens die Sternschnuppen zählen, um ein wenig zu üben? Aber das sind ja gar keine Sterne! Sie sind zwar genauso hell wie echte Sterne, was ihnen ihren irreführenden Namen eingebracht hat. In Wirklichkeit stammt das Licht aber von Weltraumstaub, der mit bis zu 250 000 km/h durch unsere Atmosphäre fliegt, sich dabei erhitzt und glüht. Bei den Sternschnuppen handelt es sich um Meteore, winzige Stücke, die von Kometen abgetrennt wurden. Diese Staubansammlungen, oder besser gesagt Meteoritenschwärme, bleiben nach dem Vorbeiflug eines Kometen zurück. Wenn sich die Erde durch die Kometenspur bewegt, kommt es zu einem

»Sternschnuppenregen«. Dies geschieht zweimal im Jahr: Anfang August, wenn wir die Perseiden durchqueren, und Ende Dezember, wenn wir die Geminiden passieren.

Alexandre Marsat

GESUNDHEIT

77

DIE MIKROWELLE IST NICHT GESUNDHEITSSCHÄDLICH

Fast 90 Prozent der Franzosen und Französinnen besitzen eine Mikrowelle.[83] In Deutschland sind es 73,8 Prozent der Haushalte.[84] So eine Mikrowelle ist schon sehr praktisch. Sie erzeugt Mikrowellen – der Frequenzbereich beträgt circa 2450 MHz und liegt zwischen Infrarot und Rundfunk –, die die Wassermoleküle in Lebensmitteln in Schwingung versetzen und selbst gefrorene Lebensmittel sehr schnell erwärmen. Aber ist das harmlos?

Die Ausbreitung der elektromagnetischen Wellen unterscheidet sich je nach der Molekularstruktur der Lebensmittel. Wenn die Zutaten auf Ihrem Teller heterogen sind, wird auch das Kochen oder Erwärmen heterogen sein. Oftmals bleiben einige Teile aber kalt und andere werden hingegen sehr heiß. Seien Sie also vorsichtig! Davon abgesehen rät übrigens die französische Gesundheitsbehörde ANSES dringend davon ab, Babyflaschen so zu erwärmen. Ein weiterer Nachteil ist, dass die Überhitzungszonen hitzeempfindliche Nährstoffe wie die Vitamine C und B9 (Folat) abbauen. Die Mikrowelle hat jedoch den Vorteil, dass die Lebensmittel schnell gegart werden und somit nicht so lange der vitaminschädigenden Hitze ausgesetzt sind.

Da beim Aufwärmen nur sehr wenig Wasser hinzugefügt werden muss, können keine Vitamine und Mineralien in die Kochflüssigkeit entweichen. Im Gegensatz zu anderen Garmethoden (Backofen, Grill, Pfanne, Fritteuse) wird in der Mikrowelle die Bildung von Produkten der Maillard-Reaktion begrenzt.[85] Diese Stoffe sind zwar aromatisch interessant, stehen aber im Verdacht, eine Reihe von Krankheiten (etwa Krebs und Diabetes) zu begünstigen.

Niemals Aluminium oder bestimmte Kunststoffe in die Mikrowelle!

Metall, Edelstahl und Aluminium gehören nicht in die Mikrowelle! Diese Materialien erzeugen elektrische Lichtbögen und beschädigen das Gerät. Auch Tonschalen sollten nicht verwendet werden, da sie die Wellen absorbieren und dadurch das Aufwärmen länger dauert.

Die beliebten Plastikbehälter sind nicht alle für die Mikrowelle geeignet, da sich einige unter der Hitze verformen oder schmelzen. Die ANSES empfiehlt, vor dem Gebrauch immer zu prüfen, ob der Behälter das Piktogramm »mikrowellengeeignet« auf dem Boden eingestanzt hat und ob es in gutem Zustand ist.

Ungeeignet sind Melamin, das für die Herstellung von Bechern, Tassen und Tellern verwendet wird, und Frischhaltefolien. Verwenden Sie stattdessen Glas und Pyrex-Geschirr, das aus temperaturbeständigem Borosilikatglas besteht.

Achten Sie auf die Migration von Kunststoffen

Es ist bekannt, dass das Erhitzen in der Mikrowelle bei zu hoher Leistung das Risiko erhöht, dass Substanzen aus Kunststoffverpackungen (Phthalate, Bisphenol A) in die Lebensmittel gelangen, vor allem, wenn diese fett sind. Aus diesem Grund rät die ANSES zu »einer langen Aufwärmzeit bei niedriger Leistung«.

Kurz gesagt: Die Mikrowelle ist harmlos, aber nur, wenn man sie richtig benutzt.

Florence Heimburger

78

OHNE PESTIZIDE GEHT ES NICHT

Pflanzenschutzmittel schützen die Ernte und damit das Einkommen der Landwirt:innen. Aber stimmt das auch immer?

Das Team des Fachbereichs für Biologie an der La Rochelle Université führt seit vielen Jahren empirische Studien auf den Versuchsfeldern »Plaine et Val-de-Sèvre«[86] durch und arbeitet dabei eng mit den Landwirt:innen zusammen, die in dieser weitläufigen Getreideebene ansässig sind.

Kein Zusammenhang zwischen Herbizideinsatz und Weizenerträgen

Die Forscher:innen stellten zu ihrer Überraschung fest, dass »kein Zusammenhang zwischen Herbizideinsatz und höheren Erträgen bei Weizen, aber auch bei Raps besteht. Es gab auch keinen Zusammenhang zwischen der Menge an Unkraut und den Erträgen«, sagt Vincent Bretagnolle, Ökologe und CNRS-Forschungsleiter.

Um diese Ergebnisse zu untermauern, haben die Forschenden experimentell nachgewiesen, dass es möglich ist, Herbizide und Stickstoffdünger um 30 bis 50 Prozent zu reduzieren, ohne dass sich die Weizenerträge veränderten. »Im Klartext heißt das, dass es möglich ist, weiterhin so viel zu produzieren, wenn man die Dosis der eingesetzten Mittel um die Hälfte oder fast die Hälfte reduziert«, erklären sie.

Weniger Pestizide führen nicht zu geringeren Einnahmen

»Die Konsequenz daraus ist, dass die Einkommen der Landwirt:innen deutlich steigen«, so der Forscher. Denn die Ausgaben für Pflanzenschutzmittel, aber auch für Diesel, der zum Ausbringen benötigt wird, sind geringer. Diese Gewinne sind nicht zu vernachlässigen, da sie bei manchen landwirtschaftlichen Betrieben »bis zu 200 Euro pro Hektar betragen. Diese Ergebnisse wurden in der Zwischenzeit durch längere Studien über einen Zeitraum von fünf Jahren bestätigt, die bei Weizen, aber auch bei Raps, Mais und Sonnenblumen durchgeführt wurden.«

Ein Paradigmenwechsel ist nötig

Es ist also falsch zu behaupten, dass Pestizide systematisch die Erträge und die Einkommen in der Landwirtschaft verbessern. »Wir müssen aus diesem Denkmuster ausbrechen und andere Praktiken einführen«, betont Vincent Bretagnolle. »Es ist machbar! Betriebe, die biologisch arbeiten, schaffen es bereits. Und ihre Einkommen sind insgesamt besser als bei den konventionell Arbeitenden, selbst wenn es sich um sehr große Flächen handelt.« Und das auch noch zum Vorteil für die Ökosysteme, Tiere und Menschen, die in der Nähe der angebauten Pflanzen leben.

Alexandrine Civard-Racinais

79

UM GUT IN FORM ZU SEIN, BRAUCHT MAN MINDESTENS ACHT STUNDEN SCHLAF!

Mein Freund Gilles schläft vier Stunden pro Nacht und fühlt sich wohl, während man es meiner Kollegin Séverine immer ansieht, wenn sie nicht ihre zehn Stunden Schlaf abbekommen hat. Gibt es ein »richtiges« Maß?

1 Die Schlafmenge ist individuell unterschiedlich

»Ein Großteil der erwachsenen Bevölkerung braucht physiologisch gesehen siebeneinhalb bis acht Stunden Schlaf pro Nacht«, aber die tatsächlich benötigte Menge ist von Person zu Person sehr unterschiedlich, relativiert Christophe Sureau, Spezialist für Schlafstörungen und Somnologe. Die sogenannten Kurzschläfer:innen, die wahrscheinlich ein bestimmtes genetisches Profil haben, kommen mit weniger als sieben Stunden pro Nacht aus, »und es geht ihnen sehr gut damit«.[87]

Hey, Sohnemann …
Willst du etwa den ganzen Tag schlafen? Was ist mit deinen Hausaufgaben?
Ich verinnerliche gerade das Erdkunde-Kapitel. Sieht man das nicht?

2 Ältere Menschen schlafen weniger

Auch unser Schlafbedürfnis ändert sich mit zunehmendem Alter: Menschen über 70 Jahre benötigen durchschnittlich nur noch sieben Stunden Schlaf pro 24 Stunden (im ersten Lebensmonat brauchen Babys 16 bis 18 Stunden Schlaf). Diese Verringerung der Schlafmenge in der Nacht geht mit einer Verringerung des Tiefschlafs einher, die ab dem Alter von 50 Jahren einsetzt. Das französische Institut für Schlafforschung und Schlafmedizin, INVS[88], das die Öffentlichkeit bei der Suche nach einem qualitativ hochwertigen Schlaf unterstützen will, hat festgestellt, dass die Schlafqualität ab dem 50. Lebensjahr abnimmt, dass der Schlaf leichter wird und man häufiger aufwacht.

3 Auch die Qualität des Schlafs zählt

Da wir in Bezug auf die Schlafqualität nicht gleichgestellt sind, »spielen Umwelt, Lebensstil und -rhythmus eine Rolle bei der Fähigkeit zu schlafen und sich während einer Nacht gut zu erholen«, betont Pierre-Hervé Luppi, Leiter des Teams Pathophysiologie der neuronalen Netzwerke im Schlafzyklus im Forschungszentrum für Neurowissenschaften Lyon, auf der Website des Instituts.[89]

Ein guter Schlaf ist für unsere Gesundheit unerlässlich. In zahlreichen Studien wurde nachgewiesen, dass eine schlechte Schlafqualität und/oder -menge das Risiko von Reizbarkeit, depressiven Symptomen, Gewichtszunahme, Bluthochdruck und Infektionen erhöht. »Diese Daten unterstützen die weit verbreitete Annahme, dass müde Menschen ein erhöhtes Risiko haben, krank zu werden.« Das ist zumindest ein Mythos, der wissenschaftlich begründet ist und der es rechtfertigt, dass man sich so sehr mit der Qualität und Quantität seines eigenen Schlafs beschäftigt.

Alexandrine Civard-Racinais

80

IN MEINEN KOSMETIK-PRODUKTEN IST DOCH KEIN PLASTIK!

Gehen wir gleich aufs Ganze: Viele Kosmetika enthalten Mikroplastik – und sie werden sogar bewusst hinzugefügt.

1 Es ist überall!

Jedes Jahr werden zwischen 1250 und 1910 Tonnen Mikroplastik Hautpflegeprodukten bewusst beigemischt.[90] Es findet sich in Gesichts- und Körperpeelings, Zahnpasta, Shampoos, Rasiercremes, Make-up, Nagellack, Sonnenschutzmitteln und Deos. Es soll als Peeling- oder Reinigungsmittel dienen oder auch die

Konsistenz, das Aussehen und die Stabilität eines Produkts verbessern.

Diese winzigen Kunststoffpartikel (meist kleiner als fünf Millimeter) gelangen in die Umwelt, ohne dass wir es merken. »Die meisten Verbraucher:innen wissen nichts davon, weil das Mikroplastik meist unsichtbar ist«, sagt Cristina Barreau, Expertin für Wassermüll bei der Surfrider Foundation Europe.

2 Sauberes Gesicht und gewaschene Haare = verschmutzte Böden und Ozeane

Ein Bericht der Europäischen Chemikalienagentur (ECHA) über die bewusste Beimischung von Mikroplastik in Produkten hat gezeigt, dass sich Mikroplastik durch die konzentrierten Partikel in Klärschlamm, der häufig als Dünger verwendet wird, im Boden ansammeln kann. Ein geringer Anteil von Mikroplastik gelangt auch direkt in Flüsse, Seen und Meere und findet sich auf allen Ebenen der Nahrungskette wieder.

3 Auf dem Weg zu einem europaweiten Verbot

Seit dem 1. Januar 2018 sind Rinse-off-Kosmetika/Körperpflegemittel, die feste Kunststoffpartikel enthalten, in Frankreich verboten, in Deutschland gilt eine Selbstverpflichtung der Hersteller zum freiwilligen Verzicht.[91] Das Verbot »hindert die Hersteller jedoch nicht daran, weiterhin Mikroplastik in anderen als Rinse-off-Produkten zu verwenden, und es ist schwierig, alle Produkte, die auf den Markt kommen, auf Mikroplastik zu untersuchen und zu überwachen«, so Cristina Barreau.

Die ECHA hat einen Vorschlag zur Einschränkung der Verwendung von Mikroplastik in Kosmetika, Körperpflegeprodukten sowie Wasch- und Reinigungsmitteln veröffentlicht und prüft derzeit ein EU-weites Verbot. Dieses Gesetz soll im Herbst 2023 in Kraft treten[92] – bis dahin lohnt es sich, Ihr Badezimmer gründlich auszusortieren …

Alexandrine Civard-Racinais

Powerpuder
KILLING BEAUTY
NEUE FORMEL
e 250mL
PEELINGMASKE
FLIRTY SEXY EYE

81

EIN MUTTERMAL AUFZUKRATZEN, KANN KREBS VERURSACHEN

Das Melanom, ein aggressiver Hauttumor, ist in Europa immer weiter verbreitet, was vor allem auf den Trend zum Sonnenbaden zurückzuführen ist. Auch wenn ein Muttermal ein Melanom beherbergen kann, löst das Aufkratzen oder -schneiden des Muttermals die Krankheit nicht aus – das ist ein hartnäckiges Missverständnis.

So wie helle Haut, Augen und Haare das Risiko erhöhen, an einem Melanom zu erkranken, so erhöhen auch zahlreiche Muttermale (Nävi) das Risiko. »Wir gehen davon aus, dass das Melanomrisiko erheblich steigt, wenn wir auf dem ganzen Körper mehr als 50 Muttermale zählen«, sagte Claudine Blanchet-Bardon – Vizepräsidentin des nationalen Verbands der Dermatolog:innen und Venerolog:innen und Organisatorin des nationalen Tages zur Prävention und Früherkennung von Hautkrebs – in einem Artikel, der 2015 in *Science & Avenir* veröffentlicht wurde. Es ist bekannt, dass zwischen 20 und 40 Prozent der Melanome aus einem Muttermal entstehen. Dennoch: Das Herausreißen eines Nävus führt nicht zu einem Melanom!

Eine unkontrollierte Ansammlung von Melanozyten

Ein Muttermal besteht aus Melanozyten, den Zellen, die das Pigment produzieren, das für die Hautfarbe und die Bräune verantwortlich ist. Wenn diese Melanozyten unkontrolliert wachsen, entsteht ein Muttermal, das sich zu Hautkrebs entwickeln kann. Deshalb beobachten Hautärzt:innen ihre Entwicklung sehr genau und machen jedes Jahr ein Foto von ihnen. Gefährdeten Personen wird außerdem empfohlen, sich etwa alle vier Monate im Spiegel oder mithilfe einer nahestehenden Person bei guter Beleuchtung gründlich zu untersuchen, einschließlich des Intimbereichs, der Zehenzwischenräume und der Kopfhaut.

Das Muttermal besteht aus Melanozyten, die das Pigment produzieren, das für die Hautfarbe und die Bräune verantwortlich ist.

Die ABCDE-Regel

Schließlich empfehlen Hautärzt:innen, die ABCDE-Regel anzuwenden. Dabei sollen wir unsere alten oder neuen Nävi auf folgende Warnzeichen hin untersuchen: A für Asymmetrie, B für unregelmäßige Ränder (eingekerbt, unscharf), C für eine nicht einheitliche Farbe, die von einem Bereich der Läsion zum anderen variiert, D für einen Durchmesser, der zunimmt und/oder sechs Millimeter überschreitet, E für eine Veränderung in Größe, Form oder Farbe.

Wenn einer Ihrer Leberflecke eines dieser Merkmale aufweist, sollten Sie eine dermatologische Praxis aufsuchen, um den Fleck womöglich entfernen zu lassen. Die Entfernung eines Nävus führt nicht zu Krebs, gegen dieses weit verbreitete Missverständnis muss angekämpft werden. Die Entfernung ist ungefährlich und kann aus kosmetischen Gründen oder bei Verdacht erfolgen.

Florence Heimburger

82

GLATZE, HAARAUSFALL, GRAUES HAAR – EIN UNUMGÄNGLICHES SCHICKSAL

Wir haben im Durchschnitt 100 000 bis 120 000 Haare und verlieren täglich 50 bis 80. Aber die wenigsten wissen, wie wir sie erhalten können, warum sie grau werden und dass auch Frauen von Haarausfall betroffen sind.

1 Mangelernährung und Haarausfall

Eine Diät, eine vegetarische Ernährung oder übermäßiger Kaffee- und Teekonsum können zu Haarausfall führen. Der Grund: Sie führen zu einem Mangel an Proteinen, Zink und Schwefel, die für die Herstellung von Keratin, dem Hauptbestandteil des Haares, notwendig sind. Außerdem fehlt es an Aminosäuren (Cystein und Methionin), Spurenelementen (Cystin), B-Vitaminen und Eisen, wodurch die Haarzwiebel geschwächt wird. Aber keine Sorge: Sie können den Mangel über die Ernährung (Geflügel, Fisch, Eier, besonders zinkreiche Austern, Bierhefe und Getreide mit viel Vitamin B) oder Nahrungsergänzungsmittel ausgleichen, und nach drei Monaten –

so lange dauert der Lebenszyklus des Haares – ist in der Regel alles wieder in Ordnung.

Blondierungen, Dauerwellen oder Glättungen sowie Hochsteckfrisuren, Pferdeschwänze, zu eng geflochtene Zöpfe, Lockenwickler oder wiederholtes Föhnen beschleunigen den Haarausfall. Diese Dinge sollten Sie also auf ein Minimum beschränken.

2 Haarausfall betrifft nicht nur Männer

Auch Frauen können eine Glatze bekommen! Abgesehen vom saisonalen Haarausfall, der nicht zu verhindern ist, sind drei von vier Frauen irgendwann in ihrem Leben von Haarausfall betroffen. Die Ursachen sind Stress, Eisenmangel (Anämie), ein hormonelles Ungleichgewicht (durch Geburt, Pillenwechsel, Schilddrüsenprobleme, Menopause), ein psychischer Schock (Trennung, Tod, Unfall) oder eine Krankheit. Wenn Sie davon betroffen sind, suchen Sie eine dermatologische Praxis auf und lassen sich beraten.

3 Graues Haar wird vererbt!

Ob wir blond, braun oder rothaarig sind, mit der Zeit wird unser Haar unweigerlich grau. Im Durchschnitt beginnt es mit etwa 40 Jahren, kann aber je nach Vererbung auch früher eintreten. Forschende des University College London entdeckten 2016 ein Gen, das sie IRF4 nannten und dessen Variante (ein Allel) zu grauem Haar neigt.

Dieses Allel ist vor allem bei weißen Europäer:innen zu finden, bei denen das Durchschnittsalter für das Ergrauen der Haare bei 35 Jahren liegt, während es bei Asiat:innen und Afrikaner:innen bei 40 liegt. Melanin ist für die Farbe der Haare verantwortlich. Ab dem 40. Lebensjahr nimmt die Zahl der Melanozyten alle zehn Jahre um 10 bis 20 Prozent ab, aber auch Vererbung, emotionaler Schock, Stress, Rauchen und zu viel Sonne haben einen negativen Einfluss.

Florence Heimburger

83

EIER SIND UNGESUND!

Obwohl Eier viel Cholesterin enthalten, kann man sie bedenkenlos essen. Sie haben sogar viele gesundheitliche Vorteile – es ist also an der Zeit, ihren Ruf zu rehabilitieren!

Das Ei hatte lange Zeit einen schlechten Ruf. Wegen seines hohen Cholesteringehalts wurde es verdächtigt, einen hohen Cholesterinspiegel zu fördern und damit Herz-Kreislauf-Problemen Vorschub zu leisten. Eine 1999 in der medizinischen Fachzeitschrift *JAMA* veröffentlichte Studie betonte jedoch, dass kein Zusammenhang zwischen dem Verzehr von Eiern und dem Risiko von Herz-Kreislauf-Erkrankungen hergestellt werden konnte.

Kein Gesundheitsrisiko

Im Jahr 2013 wurde in einer Metaanalyse von 17 Studien mit mehr als drei Millionen Teilnehmenden erneut bestätigt, dass es keinen Zusammenhang zwischen dem Verzehr von Eiern und Herz-Kreislauf-Erkrankungen gibt. Es wäre mühselig, die umfangreiche wissenschaftliche Literatur zu diesem Thema aufzuarbeiten, was Tom Sanders, emeritierter Professor für Ernährung und Diätetik am King's College London, getan hat.[93] Das Wichtigste in Kürze: Wenn Sie nicht an Diabetes Typ 2 leiden, ist »der Verzehr von Eiern in Maßen (drei bis vier Eier pro Woche) harmlos und ein nützlicher Beitrag zur Nährstoffversorgung«.

Eine Proteinquelle

Ein 60 Gramm schweres Hühnerei (ohne Schale) enthält 6,4 bis 7 Gramm Eiweiß (Protein), das sind lange Ketten, die sich aus kleinen Strukturen, den Aminosäuren, zusammensetzen. Diese Proteine, die hauptsächlich im Eiweiß enthalten sind, tragen zum Aufbau und zur Erhaltung unserer Muskeln, Gewebe und Organe bei. Es wäre also schade, darauf zu verzichten und das Eiweiß wegzuwerfen, wenn man eine Quiche oder einen Kuchen zubereitet, für den man nur Eigelb benötigt!

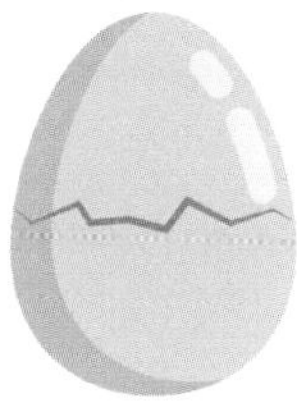

Das Eigelb ist reich an Vitaminen

Neben seinem Eiweißgehalt ist das Ei auch eine sehr gute Vitaminquelle. Es ist insbesondere reich an Cholin, das zur Gruppe der D-Vitamine gehört. Cholin, das hauptsächlich im Eigelb enthalten ist, spielt eine wichtige Rolle bei der Bildung, Aufrechterhaltung und Reparatur der Gehirnfunktionen. Neuere Studien haben auch gezeigt, dass es das Gedächtnis und die Konzentration fördert (siehe S. 71, »Nur Fisch ist gut fürs Gedächtnis!«).

Eine abwechslungsreiche Ernährung

Das Ei hat also viele gesundheitliche Vorteile. Doch wie alle Lebensmittel sollte es weder verteufelt noch fetischisiert werden, sondern in eine Ernährung integriert werden, die auf folgenden Regeln basiert: pflanzlich, echt, abwechslungsreich, wenn möglich bio, lokal und saisonal.[94] Und last, but not least: genussvoll!

Alexandrine Civard-Racinais

84

JE GRÖSSER DIE BRÜSTE, DESTO BESSER FÜRS STILLEN

Weibliche Brüste sind nicht nur Gegenstand vieler Fantasien, sondern auch vieler Missverständnisse in Bezug auf die Gesundheit. Hier sind drei davon.

1 Mit kleinen Brüsten kann man nicht stillen

Die Brust besteht aus einer milchbildenden Brustdrüse, Stützfasern (Cooper-Bänder) und Fett (Fettgewebe), die von der Haut bedeckt sind. Das Volumen der Brüste wird größtenteils von der Menge des Fettgewebes bestimmt. Es hat keinen Einfluss auf die Milchproduktion oder -qualität. Größe oder Form der Brüste entscheiden also nicht darüber, ob eine Frau Stillen kann oder nicht.

2 Ohne BH kein Halt

Das Wort Büstenhalter enthält das Verb halten und verweist auf eine Stütze oder Unterstützung. Daher denken einige, dass die Brüste ohne BH keinerlei Halt hätten. Das ist jedoch nicht der Fall. Die Cooper-Bänder sind für den Halt der Brust verantwortlich. Diejenigen, die ihre BHs loswerden wollen, können es beruhigt tun. Erst ab einem gewissen Alter verliert die Haut am ganzen Körper an Spannkraft und dann hängen die Brüste etwas tiefer. Dieses Absinken ist unvermeidlich und Teil eines natürlichen Prozesses, der alle Frauen betrifft, egal, ob sie ihr Leben lang einen BH getragen haben oder nicht.

Auch ohne BH haben Brüste Halt.

3 Ist Brustkrebs reine Frauensache?

99 Prozent aller Brustkrebserkrankungen betreffen Frauen, Männer sind aber nicht davor gefeit, denn auch sie haben Brüste, auch wenn sie weniger entwickelt sind als die weiblichen. Außerdem können bestimmte Risikofaktoren die Wahrscheinlichkeit erhöhen, dass ein Mann an Brustkrebs erkrankt.[95] Daher ist es wichtig, dass »Männer wissen, dass sie von Brustkrebs betroffen sein können, insbesondere um die Symptome nicht zu übersehen«, wie das französische Nationale Krebsinstitut auf seiner Website schreibt.[96] Aber es gibt noch viel zu tun, bis die Herren ihren Brüsten genauso viel Aufmerksamkeit schenken wie den Brüsten der Frauen.

Alexandrine Civard-Racinais

85

GEBRÄUNTE HAUT IST SCHÖN UND GESUND!

Ach, dieses Schönheitsideal rund um den gebräunten Teint! »Ihre gebräunte Haut betont ihre Körperformen perfekt, sie ist eine Naturschönheit!« Ja, egal, was man sagt, gebräunte Haut wird immer mit Schönheit in Verbindung gebracht. Aber wie sieht es mit der Gesundheit aus?

Heutzutage entspricht eine allzu weiße Haut nicht dem Schönheitsideal. Außerdem kaschiert die Bräune Unreinheiten und vermittelt den Eindruck, in Topform zu sein. Dahinter verbergen sich aber zahlreiche Missverständnisse, die vor allem aus gesundheitlicher Sicht gefährlich sein können. Zunächst einmal ist es dumm, zu glauben, weiße Haut sei ein Zeichen von Müdigkeit und schlechter Verfassung, während eine schöne Bräune auf eine Bestform hinweise.

Sie verbringen ab den ersten Sommertagen mehrere Stunden in der Sonne, werden aber nicht braun, während Ihr Kollege, der nur 30 Minuten in der Sonne war, schon brauner ist als Sie? Das liegt am Fototyp. Jede Haut ist anders. Sie wird auf einer Skala von 0 bis 6 klassifiziert, um den Fototyp zu bestimmen. Diese Klassifizierung wird anhand der Haarfarbe, des Hauttons, der Bräune und der Empfindlichkeit für Sonnenbrände erstellt.

Wenigstens werde ich später mal kein Vermögen für Anti-Aging-Cremes ausgeben müssen ...
50+

Unterschiedliche Hauttypen

Die Fototyp-Skala beginnt bei 0 mit den Menschen mit Albinismus, die das Melanin nicht synthetisieren können, das der Haut einen Farbton verleiht. Bei 1 liegen rothaarige Menschen mit ihrer sehr weißen, milchigen Haut. Bei ihnen führt zu viel Sonne zu gefährlichen Sonnenbränden. In Frankreich ist die 3 am häufigsten: Das Haar kann braun oder blond sein, die Haut wird braun und bekommt einen Sonnenbrand. Der mediterrane Typ liegt bei 5: braune Haare, olivfarbene Haut und schnelle Bräunung. Schwarze Menschen liegen bei 6. Besteht bei ihnen gar kein Risiko für einen Sonnenbrand? Das kann man so nicht sagen. Der hohe Melaningehalt macht diese Haut zwar widerstandsfähiger gegen die Sonne, aber er schützt sie nicht vor den Gefahren der Sonne, denn die stärksten Strahlen durchdringen auch ihre Hautbarriere.

Die niedrigsten Fototypen sind am empfindlichsten, aber alle sind der ultravioletten Strahlung ausgesetzt.

Eine falsche Freundin

Die Sonne ist also nicht wirklich unsere Freundin. Wenn man sich nicht schützt und den Strahlen zu lange ausgesetzt ist, wird sie schnell schädlich. Die niedrigsten Fototypen sind am empfindlichsten, aber alle Menschen können von der ultravioletten Strahlung Schäden davontragen. Es kann schnell zu einem Sonnenstich kommen, der Übelkeit, Schwindel, Kopfschmerzen und Hautverbrennungen zur Folge haben kann. Mittelfristig wird die Haut durch zu häufige Sonneneinstrahlung geschwächt. Ein typisches Beispiel dafür ist, wenn schon junge Haut faltig und fleckig wird. Die Haut verliert dabei ihre Elastizität. Zu häufiges Sonnenbaden ohne ausreichenden Schutz kann zu Krebs führen (Karzinom, Melanom, aktinische Keratose).

Wie wäre es, wenn wir die Zeit um mindestens zwei Jahrhunderte zurückdrehen würden, bevor das Sonnenbaden in Mode kam?

Alexandre Marsat

86

AKNE HABEN NUR JUGENDLICHE

Top! Ich bin die häufigste Hauterkrankung der Welt. Ich liebe es, mich auf den Gesichtern meiner Opfer auszubreiten. Ich bin der Schrecken aller Jugendlichen. Ich bin die Akne und es kursieren viele Missverständnisse über mich.

Akne ist der häufigste Grund für einen Besuch in der Hautarztpraxis. Sie ist eine entzündliche Erkrankung des Haarfollikels, der Einstülpung, in der ein Haar gebildet wird. Die Poren verstopfen, weil die Talgdrüsen zu viel Talg produzieren. Das Ergebnis ist ein Mitesser (Komedo) oder weiße Mikrozysten oder sogar rote Pickel (Papeln, Pusteln und Knötchen).

Akne betrifft nicht nur Jugendliche

Die meisten schweren Aknefälle treten bei Jugendlichen auf, aber auch Kinder und Erwachsene können betroffen sein. Entgegen der landläufigen Meinung beginnt die Akne nicht erst mit der Pubertät. Die Nebennieren beginnen im Alter von sechs bis zehn Jahren mit der Produktion von Sexualhormonen, die die Aktivität der Talgdrüsen stimulieren. Es gibt auch Fälle von Akne bei Säuglingen, die möglicherweise auf eine Hormonprägung während der Embryonalentwicklung zurückzuführen sind. Akne betrifft auch 25 Prozent der Erwachsenen, vor allem Frauen.

Der Verzehr von Schokolade fördert Akne

Die weit verbreitete Vorstellung, dass Akne durch den Verzicht auf Wurstwaren und Schokolade reduziert werden könnte, ist falsch. »Es gibt keine seriöse wissenschaftliche Arbeit, die die Rolle der Ernährung bei der Entstehung von Akne belegt. Ein italienisches Team hat jedoch festgestellt, dass Akne häufiger auftritt, wenn die Ernährung arm an Obst, Gemüse und Fisch ist. Die Zusammenhänge zwischen Akne und Schokolade, Akne und Milch, Akne und schnellen Zuckern werden immer wieder diskutiert«, erklärt Dr. Marie-Hélène Jegou-Penouil, Mitglied des Redaktionsbeirats von dermato-info.fr, einer Website der französischen Hautärztegesellschaft.

Akne heilt in der Sonne

Ein weiteres Missverständnis ist, dass sich Sonnenbaden bei Akne positiv auswirkt. Diese Vorstellung ist nicht nur falsch, sondern sogar gefährlich. Zwar trocknen die entzündlichen Läsionen durch die Sonneneinstrahlung zunächst aus, das hält aber nicht lange an! »Es kommt zu einer sekundären Verdickung der Haut, die die Mitesser verschlimmert, sodass die Akne nach dem Sonnenbad wieder aufflammt und sich verschlimmert«, warnt Marie-Hélène Jegou-Penouil. Es ist also besser, die Sonne zu meiden und sich in die Hände eines kompetenten Hautarztes oder einer kompetenten Hautärztin zu begeben. Nur Mut, Akne kann man loswerden!

Alexandrine Civard-Racinais

AKNE
Zurück zum Hautbild einer Teenagerin
✓ RÖTUNGEN ✓ PICKEL ✓ SCHWELLUNGEN
CNEA

87

BLASENENTZÜNDUNGEN BETREFFEN NUR FRAUEN

Unterleibsschmerzen, häufiger Harndrang, Brennen beim Wasserlassen, trüber, stark riechender Urin, manchmal mit Blut vermischt. Diese Anzeichen deuten oft auf eine Harnwegsinfektion hin. Hier finden Sie einen Überblick über die gängigen Irrtümer rund um diese lästige Erkrankung.

Die Ursache ist immer bakteriell

Sicher, eine Harnwegsinfektion wird meist durch eine bakterielle Infektion verursacht, nämlich durch das Kolibakterium *Escherichia coli* (in 80 Prozent der Fälle). Sie kann aber auch auf eine Entzündung (Prostatitis), eine sexuell übertragbare Infektion (Gonokokken, Chlamydien) oder Diabetes zurückzuführen sein. Durch eine unzureichende Flüssigkeitszufuhr, Hormonschwankungen, Immunsuppressiva oder Krebstherapien wird sie begünstigt.

Blasenentzündungen sind meistens harmlos

Wenn die Betroffenen kein Fieber oder Blut im Urin haben und weder schwanger noch alt sind, können sie in der Regel 24 bis 48 Stunden warten, bevor sie ein Antibiotikum einnehmen, sagen die Ärzt:innen. Bei anhaltenden Symptomen, Fieber, stärkeren Schmerzen, die in den Rücken (Anzeichen einer Niereninfektion) oder Unterleib ausstrahlen, sollten sie jedoch unverzüglich einen Arzt aufsuchen. Der Arzt wird eine sensible Untersuchung des Urins veranlassen, über die vorhandene Keime identifiziert und ein geeignetes Antibiotikum verschrieben werden kann.

Frauen sind häufiger betroffen als Männer

Jedes Jahr erkranken etwa zehn Prozent der Frauen an einer Blasenentzündung – eine Krankheit, die bei Männern weitaus seltener vorkommt. Warum? Bei Frauen ist es aufgrund der Nähe zwischen dem Anus und der Harnröhrenöffnung für Darmbakterien viel einfacher, in die Blase zu gelangen. Außerdem ist die Harnröhre sehr kurz (vier Zentimeter), sodass Bakterien schneller in die Blase gelangen können.

Andere Risikofaktoren bei Frauen sind: Schwangerschaft, in der die Gebärmutter auf die Blase drückt und den Urinfluss verlangsamt, die Menopause, weil die Produktion der Östrogenhormone zurückgeht, aber auch eine mangelnde oder paradoxerweise eine übermäßige Intimhygiene.

Bei Männern ist sie viel gefährlicher

Entgegen der landläufigen Meinung entwickelt sich eine Blasenentzündung bei Frauen nur selten zu einer Nierenentzündung. In etwa 50 Prozent der Fälle löst sie sich auch ohne Antibiotika von selbst, vorausgesetzt, Sie trinken viel Wasser, um eine gute und häufige Entleerung der Blase zu fördern. Bei jungen Männern wird eine Blasenentzündung häufig durch eine sexuell übertragbare Infektion verursacht. Ab dem 50. Lebensjahr ist eine vergrößerte Prostata die häufigste Ursache für eine Blasenentzündung.

Florence Heimburger

88

CELLULITE HÄNGT MIT DEM GEWICHT ZUSAMMEN

Cellulite ist ein wiederkehrendes Thema in Frauenzeitschriften und oft Gegenstand falscher Vorstellungen. Wie wäre es, wenn wir erstmal mit ihnen aufräumen, bevor wir uns an die Dellen machen?

1 Nicht nur Frauen sind betroffen

Obwohl Männer weitaus weniger betroffen sind, kommt Cellulite auch bei ihnen vor: Etwa zehn Prozent der Männer sind betroffen. Wie kommt es zu diesen Unterschieden? Das liegt an den Östrogenen (weibliche Hormone), die die Fetteinlagerung unter der Haut an Gesäß, Oberschenkeln und Armen begünstigen. Aber auch die Organisation der Fettzellen in der Unterhaut ist je nach Geschlecht unterschiedlich; darüber hinaus haben Frauen eine dünnere Haut und nehmen die Pille.

2 Cellulite ist kein Zeichen von Übergewicht

Neun von zehn Frauen sind von diesen Fett- und Wasseransammlungen betroffen, die sich vor allem an den Oberschenkeln, am Gesäß und Bauch festsetzen. Cellulite betrifft uns alle, ob wir schlank sind oder nicht. Es gibt viele Faktoren, die die Cellulite verschlimmern können: eine schlechte Ernährung, Bewegungsmangel, Durchblutungsstörungen, Stress, Rauchen und das Alter.

3 Gesunde Ernährung hilft gegen Cellulite

Eine Ernährung, die zu viel Salz, Kohlenhydrate (Zucker) und Fette und zu wenig Ballaststoffe enthält, verschlimmert die Cellulite. Verzichten Sie auf Salz, das Wassereinlagerungen begünstigt, auf weißen raffinierten Zucker und verarbeitete Lebensmittel. Essen Sie stattdessen eher mageres Fleisch, Obst und Gemüse.

4 Massagen sind wirksam

Manuelle Lymphdrainage und Roll-Massagetechniken führen zu einem Abfluss der Wassereinlagerungen, fördern die Durchblutung und straffen die Haut – kurz gesagt: Sie verbessern die Cellulite! Sie werden in Massagesalons, Schönheitsinstituten und Hautarztpraxen angeboten. Anti-Cellulite-Cremes und andere Körperpflegemittel gegen Orangenhaut haben sich bislang nicht als wirksam erwiesen. Körperliche

Anti-Cellulite-Cremes und andere Pflegeprodukte gegen Orangenhaut haben sich bislang als wenig wirksam erwiesen.

Aktivitäten, die den venösen Rückfluss fördern (Schwimmen, Wandern, Radfahren), haben hingegen eine positive Wirkung.

5 Verschiedene Arten von Cellulite

Es gibt drei Arten von Cellulite, die manchmal auch zusammen auftreten können: faserige, wässrige und fetthaltige Cellulite. Die erste fühlt sich hart und schmerzhaft an, bildet Beulen und die Haut hat an den betroffenen Stellen eine lila Färbung; sie ist tief und lange im Gewebe verankert. Die zweite Art ist weich und diffus, eher unsichtbar und wird durch Durchblutungsprobleme verursacht. Die dritte ist weich, schmerzlos und lokal begrenzt; sie wird meist mit schlechter Ernährung und Bewegungsmangel in Verbindung gebracht.

Florence Heimburger

SEXUALITÄT

89

MASTURBIEREN MACHT TAUB

Zum gängigen Irrglauben rund um die Masturbation gehört, dass sie die Geburtenzahlen senkt, die Frauen vermännlicht und krank macht. Die Masturbation hat seit Jahrhunderten keinen guten Ruf. Auch wenn sie heute in großem Umfang praktiziert wird, sprechen wir kaum darüber, da uns noch zu viele Vorurteile im Kopf herumschwirren und die Prüderie groß ist.

Ach, die Masturbation, diese Praxis, die derart tabuisiert wird! Sie findet im Geheimen und in abgeschlossenen Räumen statt. Ist man Single, gilt sie als peinlich; ist man in einer Beziehung, gilt sie als unpassend. Selbst die sexuelle Revolution hat die Selbstbefriedigung nicht wirklich befreit. Dennoch ist sie so beliebt, dass 74 Prozent der Frauen und 95 Prozent der Männer sie praktizieren.

Warum sich also verstecken? Wie bei allen Sexualpraktiken spricht man nicht gerade beim Abendessen mit den Nachbarn darüber. Jahrhundertelang wurde sie durch die Prüderie verboten; Generationen von Männern und (vor allem) Frauen wurde beigebracht, dass Sex nur zur Fortpflanzung dient und nicht zum Vergnügen. An ein Vergnügen allein mit sich selbst war da gar nicht zu denken!

Wenn es nicht gelingt, die Sexualität durch die Religion zu kontrollieren und zu verschleiern, werden irrgläubige Annahmen gestreut mit all ihren negativen Auswirkungen.

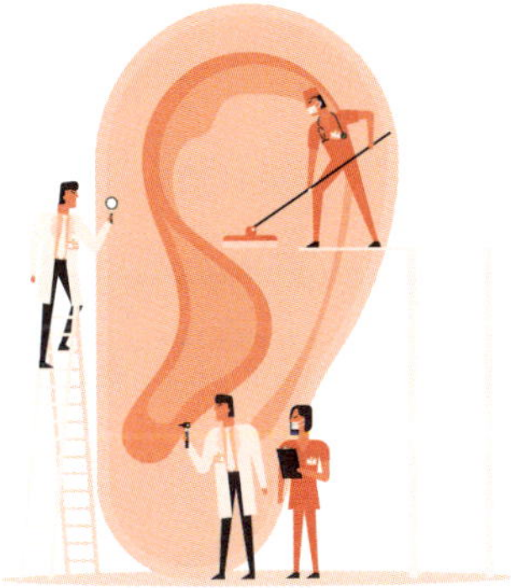

Masturbieren macht taub

Ein gängiges Vorurteil, mit dem man junge Männer davon abbringen wollte zu masturbieren, war, sie mache taub. Dieser bis heute weit verbreitete Irrglaube stammt aus dem 18. Jahrhundert. Da es der Kirche nicht gelungen war, die Masturbation zu unterbinden, obwohl sie sie als unmoralisch und unanständig eingestuft hatte, schalteten sich die Mediziner ein. Sie brachten wissenschaftliche Argumente vor, die selbstverständlich falsch sind.

Die Geburtenrate sinkt

Im 18. und 19. Jahrhundert befürchtete man, dass die Masturbation den Bevölkerungsrückgang beschleunigen könnte. Um dies zu verhindern, wurde sie zu einem medizinischen Thema gemacht: Selbstbefriedigung bringe nicht nur die Seele, sondern den ganzen Körper ins Ungleichgewicht. Der Schweizer Samuel Tissot veröffentlichte 1758 eine medizinische Abhandlung gegen die Selbstbefriedigung, die sich schnell verbreitete. Darin listet er alle Krankheiten auf, für die sie verantwortlich sei. Der Körper sei ein Ganzes, das bis hin zu den Flüssigkeiten respektiert werden müsse; ein körperliches Gleichgewicht müsse eingehalten werden. Zu viel Ejakulation schwäche den Organismus und könne sogar zum Tod führen.

Tissot geht auch auf die angebliche Taubheit ein, die bis heute im kollektiven Gedächtnis verankert geblieben ist. Er erzählt von einem Mann, der nach einer langen verschleppten Erkältung für einige Wochen taub wurde. Wenn er nachts ejakulierte, verschlimmerte sich seine Taubheit am nächsten Tag, wodurch sich auch sein allgemeiner Zustand verschlechterte.

Auch Frauen wurden von der Anti-Onanie-Bewegung nicht vergessen: Wenn Männer durch Masturbation schwach und verweichlicht würden, würden Frauen mit einer verkümmerten Klitoris männlich. Zum Glück gab es seitdem einige Fortschritte in der Anatomie.

Alexandre Marsat

90

MÄNNER SIND SEXBESESSEN

Männer denken von morgens bis abends an nichts anderes als an Sex und beobachten mit lüsternem Blick alles, was ihnen vor die Linse kommt.

Sogar wenn Männer Opfer von gesellschaftlichen Stereotypen werden, fällt es trotzdem immer auf die Frau zurück. Zunächst einmal wurde (und wird) Prostitution mit der Begründung toleriert, dass die Bedürfnisse der Männer befriedigt werden müssen. Eine seltsame Vorstellung. Genau wie die Tatsache, dass Mädchen aufgefordert werden, Männer nicht durch »verlockende« Kleidung zu provozieren, anstatt die Jungen zu erziehen.

Nymphomanie oder Satyriasis?

Es gehört zum guten Ton und wird auch so verstanden, dass Männer immer an Sex denken. Doch Frauen werden gleich als Nymphomaninnen angesehen, wenn sie das tun. Bei Männern spricht man von Satyriasis oder Donjuanismus. Ist Ihnen der Begriff neu? Natürlich, weil das, was er beschreibt, als normal gilt. Laut einer Inserm-Studie zur Sexualität in Frankreich stimmen Frauen und, in geringerem Maße, Männer mehrheitlich der

Idee zu, dass Männer »von Natur aus einen stärkeren sexuellen Drang [hätten] als Frauen« (75 Prozent der Frauen und 62 Prozent der Männer).

Ah, das berühmte männliche Bedürfnis! Frauen sind noch mehr als Männer der Meinung, dass diese »von Natur aus« ein stärkeres Bedürfnis haben als sie. Angesichts des Verhaltens mancher Männer ist es durchaus legitim, sie als besessen zu bezeichnen.

Das männliche Testosteron steigert die Lust, aber Frauen haben auch Hormone.

Auch wenn dieses Stereotyp aus einem anderen Jahrhundert stammt, hält es sich bei jüngeren Menschen hartnäckig. In der Studie heißt es: »Diese Vorstellung ist in allen Altersgruppen vorherrschend und nur in der Altersgruppe der 18- bis 24-Jährigen etwas weniger verbreitet, sowohl bei Frauen als auch bei Männern.«

Hormone und körperliche Verfassung

Sicher, das Testosteron steigert die Lust, aber Frauen haben auch Hormone. Die Produktion von Östrogen, aber auch von Testosteron oder Dopamin spielt bei Frauen eine wichtige Rolle.

Lust und Erregung sind jedoch nicht nur eine Frage der Hormone, sondern auch der körperlichen Verfassung. Müdigkeit, Krankheit, Gesundheit, Stress, Glück, Selbstwertgefühl, Beziehungen – das sind allesamt Faktoren, die sie fördern oder hemmen können.

Leistung gegen Zuneigung

Ist es nicht höchste Zeit, mit diesem Vorurteil aufzuräumen und von der heteronormativen Vorstellung abzurücken, dass es Frauen vor allem um Zuneigung und Gefühle geht, während Männer nach körperlicher Leistung streben?

Obwohl die Einführung der Antibabypille und die gesetzliche Verankerung des Schwangerschaftsabbruchs es Frauen ermöglicht haben, ihren Körper zu befreien, steht ihnen noch ein weiter Weg bevor.

Und Hypersexualität, sei es Nymphomanie oder Satyriasis, wird als Krankheit angesehen. Sie kann also behandelt werden. Kurz gesagt: Besessene aller Art können als krank gelten.

Alexandre Marsat

91

EIN VORZEITIGER SAMENERGUSS IST SELTEN

Wie einige Sexpannen passiert auch die vorzeitige Ejakulation nur den anderen, oder sie tritt nur auf, weil man an dem einen Abend so müde ist. Es ist also eine Ausnahme! Dennoch sind viele von vorzeitiger Ejakulation betroffen – 30 Prozent der Männer ejakulieren zu schnell.

Über die vorzeitige Ejakulation wird selten gesprochen, da sie, wie die Sexpanne, ein Tabu ist und Teil einer Vorstellung von Sexualität, in der der Mann leistungsfähig sein muss und die Frau Empfängerin (um nicht zu sagen unterwürfig) ist. Diese Vorstellung von Sexualität herrscht auch noch im 21. Jahrhundert vor. Männer verbergen ihre sexuellen Störungen, und die Sexgeschichten, die sie ihren Freunden erzählen, sind immer noch leistungsorientiert, als ob man die ganze Nacht über Sex haben müsste (siehe S. 305, »Guter Sex muss lange dauern«).

Weniger als drei Minuten

Die meisten Männer denken, dass sie zu schnell ejakulieren, doch der vorzeitige Samenerguss wird klar definiert. Es gibt zwei Arten: eine primäre (lebenslange) Form des vorzeitigen Samenergusses und eine sekundäre (erworbene) Form. Bei der Erstgenannten handelt es sich um Männer, die schon immer eine schnelle Ejakulation erlebt haben, die innerhalb von weniger als einer Minute und häufig vor dem Eindringen in die Vagina auftritt. Die sogenannte erworbene Form entsteht, nachdem zumindest die ersten Male Geschlechtsverkehr noch normal lang gedauert haben. Aus verschiedenen Gründen kommt es aber später zu einer vorzeitigen Ejakulation, die allmählich oder plötzlich auftreten kann. In diesem Fall erfolgt der Samenerguss innerhalb von drei Minuten.

Bei beiden Formen des vorzeitigen Samenergusses ist der Mann nicht (mehr) in der Lage, seine Ejakulation beim Eindringen zu kontrollieren. Dies führt zu »negativen persönlichen Konsequenzen wie Hilflosigkeit, Kummer, Frustration und/oder Vermeidung sexueller Intimität«, wie es die International Society of Sexual Medicine (ISSM) definiert.

Die Gründe sind häufig psychischer und nicht körperlicher Natur. Wenn Sie unter einem vorzeitigen Samenerguss leiden, sollten Sie sich beraten lassen und sich nicht verschließen. Es gibt Behandlungsmöglichkeiten, etwa Verhaltenstherapien, die manchmal auch mit einer medikamentösen Behandlung kombiniert werden.

Sex ist nicht nur Penetration

Zungenkuss, Vorspiel und Penetration – das ist das Triptychon des Geschlechtsverkehrs und eine recht dürftige Vorstellung davon, was Sex sein kann. Darüber hinaus ist sie sehr auf die Lust des Mannes ausgerichtet. Denn Frauen geben in zahlreichen Studien (über heterosexuelle Sexualität) zu, dass sie über die Penetration allein selten zum Orgasmus kommen. Wird ein bisschen mehr variiert, kommen beide Geschlechter auf ihre Kosten.

Und Männer, die Angst haben zu versagen, können sich entspannen, wenn die Penetration nicht mehr als das absolute Ziel des Geschlechtsverkehrs gilt.

Alexandre Marsat

92

FRAUEN HABEN ENTWEDER EINEN KLITORALEN ODER EINEN VAGINALEN ORGASMUS

Wenn es um weibliche Lust geht, werden vaginaler und klitoraler Orgasmus einander gegenübergestellt. Aber das ist viel zu einseitig gedacht, wenn nicht sogar falsch.

Viele denken, der Schlüssel zum Verständnis des weiblichen Orgasmus und der Erwartungen von Frauen ließe sich damit zusammenfassen: klitorale oder vaginale Orgasmen. Wenn Sie wissen, zu welchem dieser beiden Lager Ihre Partnerin gehört, werden Sie ihr mit Sicherheit viel Freude bereiten. Übrigens könnte das, wenn Sie den Orgasmus so aufteilen, eine Erklärung dafür sein, warum Sie es nicht geschafft haben, ihre Partnerin in den siebten Himmel zu befördern. Dieser Irrglaube ist im Bereich der Sexualität der am weitesten verbreitete. Das kommt daher, dass das Wissen über die Klitoris dürftig ist. Dabei wurde sie bereits 1559 von dem venezianischen Anatomen Realdo Colombo in seinem Buch *De re anatomica* richtig beschrieben. Hippokrates, der fünf Jahrhunderte vor unserer Zeitrechnung die Klitoris als »Dienerin, die die Gäste einlädt« bezeichnete, wies auf eine bestimmte Funktion hin, die nicht der Lust, sondern der Fruchtbarkeit diente, Colombo aber revolutionierte den Umgang mit diesem Organ. Obwohl seine Studie bald 500 Jahre alt ist, wissen die meisten Frauen immer noch nicht, was die Klitoris ist, beziehungsweise wie sie aussieht. Laut einer Studie des Hohen Rates für die Gleichstellung von Frauen und Männern wissen Jugendliche, »insbesondere 13-jährige Mädchen, nicht, wie sie ihr Geschlechtsorgan beschreiben sollen, während 53 Prozent der Mädchen wissen, wie das männliche Geschlecht aussieht. Eines von vier 15-jährigen Mädchen weiß nicht, dass es eine Klitoris hat.« Es wird angenommen, dass es sich dabei nur um den Klitorisschaft und die Eichel handelt, die bei entsprechender Stimulation anschwellen können.

Aber das ist nur die Spitze des Eisbergs, denn wie Colombo beschreibt, ist die Klitoris bis zu zehn Zentimeter lang und ihre »Wurzeln« umschließen die Vagina wie eine Zange. Seine genauen Beschreibungen waren damals wie heute revolutionär, denn er zeigt, welche Rolle die Klitoris bei der sexuellen Erregung und der Lust spielt.

Doppelte Besamung

Man könnte meinen, dass die moralische Ordnung der Renaissance-Kirche diese »neue« Klitoris und ihre Lust verurteilt hätte. Das Gegenteil war jedoch der Fall. Man ging davon aus, dass eine erfolgreiche Befruchtung von einer »doppelten Besamung« herrühre – die der Frau und die des Mannes. Wenn man für die Fortpflanzung dieses Vergnügen über sich ergehen lassen muss, dann ist das annehmbar!

Aber warum ist dieses anatomische Wissen und die Anerkennung der sexuellen Lust nicht bis zu uns ins 20. und 21. Jahrhundert durchgedrungen? Das liegt an der Wissenschaft und der aufgesetzten Moral der Männer.

Mediziner konnten mit der Beschreibung des Eisprungs Anfang des 19. Jahrhunderts aufdecken, dass es keine »doppelte Besamung« gibt. Die Klitoris und die von ihr generierte Lust wurden folglich unbrauchbar. Die Klitoris wurde so sehr geächtet, dass man sie zum zentralen Ursprung von Frauenkrankheiten erklärte: Hysterie, Epilepsie und – für die damalige Zeit noch schlimmer – Nymphomanie. Außerdem kann man sich streichelnd allein mit ihr vergnügen, während Selbstbefriedigung doch als verpönt gilt (siehe S. 280, »Masturbieren macht taub«)!

8000 Nervenenden

Weiche von mir, Satan! Bis in die 1970er-Jahre kam die Klitoris nicht einmal in Wörterbüchern vor. Wie will man so den Körper der Frau verstehen, ihn respektieren, ebenso wie ihre Lust?

Dank des Erfolgs der Influencerin Jemenbatsleclito ist sogar der Autor dieser Zeilen endlich in der Lage, eine Klitoris zu zeichnen. Denn die Klitoris besteht nicht nur aus dem Teil, den man von außen sieht, sie ist eben auch das große Organ, das bereits von Colombo beschrieben wurde. Und sie kann sowohl durch den sichtbaren Teil als auch durch Penetration stimuliert werden. So ist der vaginale Orgasmus zu 100 Prozent ein klitoraler. Es ist höchste Zeit, dieses Wunderorgan mit seinen 8000 Nervenenden zu würdigen, dessen einziger Zweck die Lust ist.

Alexandre Marsat

93

PORNOGRAFIE IST GEFÄHRLICH

Pornos werden immer beliebter. Es ist nichts Schlimmes daran, sich selbst etwas Gutes zu tun, vorausgesetzt, man weiß, was man sich da ansieht.

Ach, die Pornografie, die ihr Dasein im Verborgenen fristet! Sie gehört zur intimsten Intimsphäre, denn die meisten Menschen schauen sich Pornos allein an. Wie die Masturbation wird sie tabuisiert (siehe S. 280, »Masturbieren macht taub«), obwohl Pornhub, die weltweit führende Website für pornografische Videos, jeden Tag 115 Millionen Aufrufe verzeichnet. Das sind 42 Milliarden im Jahr, und das bei einer Verweildauer auf der Seite, von der Content-Websites nicht einmal zu träumen wagen. Dennoch gilt Pornokonsum ebenso wie Masturbation als stark verpönt.

Gefährlich können Pornos dahingehend sein, dass sie falsche Vorstellungen von Sexualität und Geschlechterrollen vermitteln. Problematisch ist es, dass der Mann meist als dominant und sogar gewalttätig dargestellt wird, während die Frau den unterwürfigen Part übernimmt. Auch wird das Leistungsstreben beim Sex propagiert; der Übergang zu neuen Stellungen wird der Partnerin oft aufgezwungen, ohne dass davor darüber geredet wird. Jugendliche, die vor dem ersten Sex solche

Pornos gucken, bekommen ein falsches und brutales Bild davon, was Sex ist oder sein kann. Darüber hinaus vergleichen sie sich mit den Darsteller:innen auf dem Bildschirm, was zu geringem Selbstvertrauen und Versagensängsten führen kann, denn in der Pornoindustrie geht es letztlich vor allem um die Show.

Mangelnde Sexualerziehung

Die Sexualerziehung von Jugendlichen ist mangelhaft bis katastrophal – das ist ein alarmierender Befund. Wissenschaftliche Studien haben gezeigt, dass sich dadurch gewalttätiges Verhalten und psychische Gesundheitsprobleme entwickeln können. Pornos für die LGBTQI+-Community können hingegen als eine der wenigen »Informationsquellen« für queere Menschen gelten, denn ihre Praktiken werden von der Gesellschaft noch stärker verschleiert.

Wenn man Pornos konsumiert, ist es wichtig zu wissen, wie sie produziert wurden, und darauf zu achten, dass menschliche Werte eingehalten werden.

Zum Schutz von Kindern und Jugendlichen ist es wichtig, daran zu erinnern, dass die »Konfrontation mit solchen Bildern, während sich die psychische Sexualität entwickelt, Angstzustände und Schlafstörungen hervorrufen, schmerzhafte Schuldgefühle nähren und zu einer verzerrten oder abweichenden Darstellung von Sexual- und Liebesbeziehungen führen kann.«[97]

Und dann gibt es noch die dunkle Seite der Pornografie. Durch die explosionsartig gewachsene Nachfrage ist eine Pornoindustrie entstanden, in der Zwangsarbeit vorkommt und es zu Vergewaltigungen kommt. Wenn man Pornos konsumiert, ist es wichtig zu wissen, wie sie produziert wurden, und darauf zu achten, dass ethische Standards eingehalten werden. Das macht dann wirklich Spaß und man muss sich auch nicht mehr verstecken. Solange man weiß, was man sich ansieht, sind Pornos nicht gefährlich.

Alexandre Marsat

94

DER G-PUNKT IST DER SCHLÜSSEL ZUM ORGASMUS

Das Ziel des Geschlechtsverkehrs ist der Orgasmus. Und wenn man weiß, wie man den G-Punkt stimuliert, ist es ganz einfach, eine Frau zum Orgasmus zu bringen. Man muss ihn nur erst finden. Aber gibt es ihn überhaupt?

Angeblich ist der Weg zum weiblichen Orgasmus gesichert, wenn man den G-Punkt nur findet! So, als hätte man den Schlüssel zu einem Algorithmus gefunden, der jede Woche die richtigen Lottozahlen liefert. Aber zunächst sollten wir definieren, was dieser magische Punkt eigentlich ist. Und nein, das »G« steht nicht für Gral, genial oder Gynäkologe, es ist viel prosaischer: Der Name geht auf den »Entdecker« Dr. Ernst Gräfenberg zurück. Während der Orgasmus schon immer möglich war, ist der G-Punkt eine recht neue Entdeckung. Das sagt übrigens viel über unser Verhältnis zur weiblichen Sexualität, den Wünschen und Erwartungen einer Frau, dem weiblichen Orgasmus und den weiblichen Geschlechtsorganen aus.

Der Begriff »G-Punkt« taucht in der Öffentlichkeit erst ab 1981 vermehrt auf, nachdem Gräfenberg ihn 1950 in einem Arti-

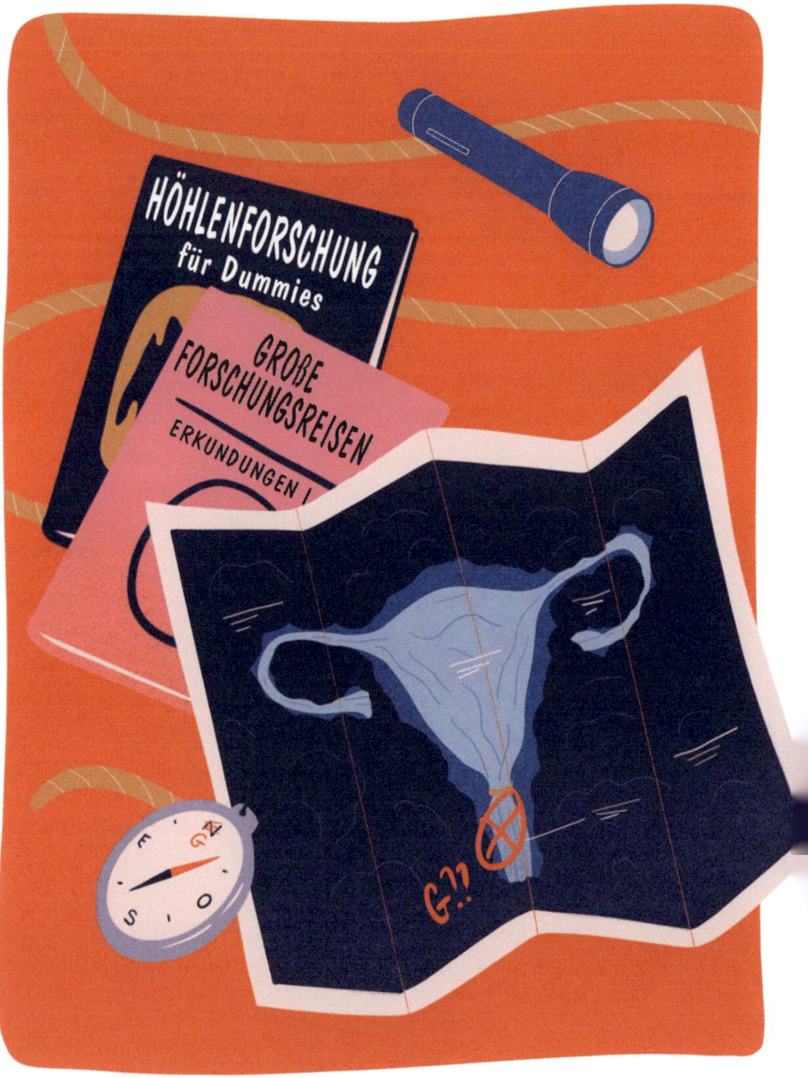
HÖHLENFORSCHUNG
für Dummies
GROßE FORSCHUNGSREISEN
ERKUNDUNGEN
G??

kel erwähnt hatte. Er hatte entdeckt, dass ein bestimmter Bereich im vorderen Teil der Vagina Lust und sogar einen Orgasmus bereiten kann. Bingo!

Am Eingang der Vagina

Haben Sie ihn gefunden? Er befindet sich drei bis fünf Zentimeter hinter der Vaginalöffnung und liegt entlang der Harnröhre. Für die Unsicheren unter uns wäre der G-Punkt der Beweis, dass es nicht auf die Penisgröße ankommt. Verwirrend ist aber, dass sich die Größe bei jeder Frau unterscheidet. Man kann von einer G-Zone oder einem G-Punkt sprechen, denn die Stelle ist rund. Die G-Zone kann durch den Penis oder mit den Fingern stimuliert werden - probieren Sie es aus!.

Wie die Klitoris schwillt auch diese Stelle mit ansteigender Lust an und führt schließlich (zu selten) zur orgiastischen Ekstase. Während sich alle einig sind, dass die Stimulation dieses Bereichs zum Orgasmus führen kann, herrscht anatomisch noch kein wissenschaftlicher Konsens über seine Beschreibung. Handelt es sich bei dieser Zone um ein eigenständiges Organ? Ist sie mit der Harnröhre verbunden? Oder ist sie ein Bestandteil der Nervenenden der Vagina, was ihre Empfindlichkeit beim Stimulieren erklären würde? Es wird noch daran geforscht - wir werden also bald mehr erfahren!

Den G-Punkt zu finden, reicht nicht, man muss diesen Bereich auch geschickt stimulieren.

Alexandre Marsat

95

INGWER UND AUSTERN SIND STARKE APHRODISIAKA

Wenn es um Spaß beim Sex geht, greift man gern zu Aphrodisiaka. Sie variieren je nach Kultur und Zeitalter – und sind ebenso zahlreich wie unwirksam.

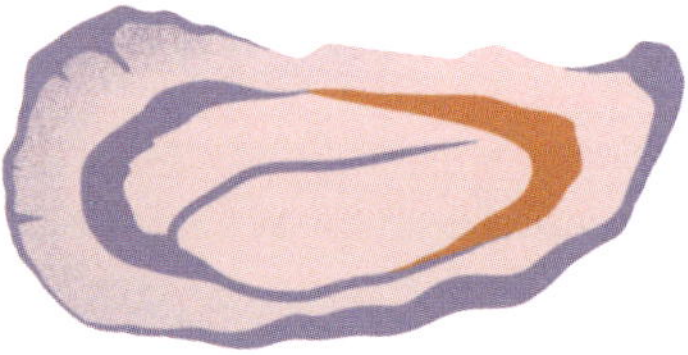

Ach, das Aphrodisiakum, dieses Wundermittel, das die Libido entfesselt und Herzen und Körper zum Schwingen bringt! Es ist ein Elixier, ein wahrer Heiliger Gral. Ein bisschen wie der Liebestrank der Ritter von einst, der Grund, weshalb sich Isolde auf die Liebe einlässt. Und wer sagt, dass Adam und Eva den Apfel nicht für ein Aphrodisiakum gehalten haben? Sie werden sagen: »Das ist doch nur ein Gleichnis!« Das Problem ist, dass das Aphrodisiakum auch nur eine Erfindung ist. Ein Mythos, dessen Name von der Liebesgöttin Aphrodite abgeleitet ist. Aphrodisiaka gab es schon immer. Im Laufe der Jahrhunderte und Kulturen wurden sie aus der Natur geschöpft, als man sie noch nicht chemisch herstellen konnte.

Die meisten natürlichen Lebensmittel, denen aphrodisische Kräfte zugesprochen werden, beziehen sich auf unsere Vorstellungen von den weiblichen und männlichen Genitalien. So sollen Austern und Muscheln eine aphrodisische Wirkung entfalten. Der berühmte Verführer Casanova verschlang sie in großen Mengen, um sich Kraft und Widerstandsfähigkeit zu verleihen. Er theoretisierte sogar den Austernkuss, bei dem er vor einer Frau an der Auster roch und sie dann in ihre Bluse fallen ließ. Auch Aphrodite stieg auf einer Auster aus dem Wasser, um Eros zu gebären.

Placeboeffekt

Ingwer hingegen ist ein Rhizom, das sich beliebig vermehren lässt, wenn die Wurzel an einem warmen Ort zur Hälfte vergraben wird. Wenn Sie sich jetzt vorstellen, wie es mit dem Ingwer weitergeht, ist das, ähnlich wie bei dem Bild mit der Auster, ein Beispiel von: Das Unterbewusstsein spricht. Wissenschaftlich konnte keinerlei aphrodisierende Wirkung bestätigt werden, außer der Wirkung der Vorstellungskraft.
Es ist eine Art Placeboeffekt: Wenn man fest genug daran glaubt, erledigt das Gehirn den Rest.

Das Unterbewusstsein spricht. Eine aphrodisierende Wirkung ist nicht bestätigt, außer der Wirkung der Vorstellungskraft.

Auch wenn sie nicht wirken, können natürliche Aphrodisiaka dem Körper nicht schaden. Zu einem Problem ist es jedoch geworden, dass sie so begehrt sind, dass die Preise steigen. »Pech für die Leichtgläubigen«, werden Sie sagen. Aber in vielen Kulturen stammen die Aphrodisiaka vor allem aus dem Tierreich. So ist das

Horn des Nashorns (haben Sie das Bild vor Augen?) so begehrt, dass die Tiere zu Tausenden durch Wilderei getötet werden. Das Horn wird zu Pulver verarbeitet, das unter anderem für die traditionelle chinesische Medizin verwendet wird. Es kostet 60 000 US-Dollar pro Kilo, während das Kilogramm Gold bei etwa 50 000 Euro liegt! Die Nachfrage hat dazu geführt, dass die Zahl der Nashörner in den letzten 50 Jahren um 90 Prozent zurückgegangen ist, einige Arten sind sogar vom Aussterben bedroht. Der Mensch scheint sich zu denken: Wenn man schon keinen animalischen Sex hat, tötet man die Tiere eben. Traurig.

Alexandre Marsat

Neue Würze für Ihr Sexleben!
Katapultieren Sie sich in den siebten Himmel!
Granatäpfel – für eine garantiert feurige Libido!
Mit diesen Austern tauchen Sie ganz tief in die Lust ein.

96

ALTE MENSCHEN SIND NICHT MEHR SEXUELL AKTIV

Viele Aspekte der Sexualität werden gerne verschleiert. Als Jugendliche können wir uns nicht vorstellen, dass unsere Eltern Sex haben, geschweige denn unsere Großeltern. Daran ändert sich nichts, wenn wir erwachsen sind. Oma, Opa, kommt schon, das ist doch nichts mehr für euer Alter!

Ausgelaugte müde Körper, die unter der Bettdecke liegen – erregt und sexuell aktiv? Unvorstellbar! In der kollektiven Vorstellungskraft sind wir in jener dritten Lebensphase asexuell, was jedoch keinesfalls der Realität entspricht.

Das wäre so, als ob junge Menschen mehr Sex haben müssten als diejenigen, die eine Generation älter sind. Ganz zu schweigen davon, dass immer mehr Anzeichen darauf hindeuten, dass bei den unter 29-Jährigen eine No-Sex-Generation entstehen könnte.

Aber kehren wir zu den Älteren zurück. Sexualität ist eine Frage des Begehrens. Wenn man Lust darauf hat, dann tut man es. Dafür gibt es keine Altersbeschränkung. Dennoch verbietet es die gesellschaftliche Vorstellung, dass alte Menschen Sex haben. Das wäre ein weiterer Beweis dafür, dass wir gefühlt im letzten Jahrhundert stecken geblieben sind, als der Koitus ausschließlich der Fortpflanzung und nicht dem Vergnügen dienen sollte. Da musste es schnell gehen: Penetration, Ejakulation – und fertig. Keine Freude, kein Laster!

Der Schlüssel zu einer guten Gesundheit

Dass Sex gesund halte – dieses Vorurteil verbreitet sich immer mehr, was in diesem Fall mal gar nicht so schlecht ist (denken Sie an Ihre alten Tage). Das University College London hat ältere Menschen zu ihrer Sexualität befragt, und die Mehrheit der über 70-Jährigen gab an, sexuell aktiv zu sein. (Damit müssen die jungen Leute dann wohl klarkommen.)

Sex hat neben dem Vergnügen noch viele weitere Vorteile. Forschende haben gezeigt, dass es einen Zusammenhang zwischen dem Nachlassen der Lust und dem Auftreten von Krebs, Herz-Kreislauf-Problemen und anderen chronischen Krankheiten gibt. Auch die kognitiven Fähigkeiten sind besser, wenn man sexuell aktiv bleibt. Beim Sex werden Endorphine, Serotonin und Oxytocin ausgeschüttet, und diese Hormone sind gut fürs Gemüt, fürs Selbstwertgefühl und stärken die Bindung – sie sind auch der Schlüssel zu einer guten psychischen Gesundheit.

Beim Sex werden Endorphine, Serotonin und Oxytocin ausgeschüttet. Diese Glückshormone steigern das Selbstwertgefühl und stärken die Bindung.

Wie hält man die Libido also aufrecht? Per Verordnung geht es nicht, aber wenn die gesellschaftlichen Stereotype, die ältere Menschen daran hindern, ihr Sexualleben zu gestalten, beiseite geräumt werden, ist schon viel getan.

Ärzt:innen erklären, dass sportliche Aktivitäten einen entscheidenden Vorteil bieten: Weil Adrenalin und Herzfrequenz steigen, verwechselt das Gehirn dies mit sexueller Stimulation. Außerdem steigt die Anziehungskraft auf den oder die Sportpartner:in, ebenso wie die emotionale Bindung zu ihm oder ihr. Wir wussten es ja: Sport ist gesund!

Alexandre Marsat

97

GUTER SEX MUSS LANGE DAUERN

Zu Beginn des Sexuallebens plagen wir uns mit der großen Angst herum, ob wir unserer Partnerin oder unserem Partner genug Lust bereiten können. Wir denken, dass der Sex lange dauern muss, damit es sicher zum Orgasmus kommt. Aber stimmt das wirklich?

»Wie lange dauert Sex im Durchschnitt?«, ist eine der häufigsten in Suchmaschinen eingegebenen Fragen. Vor allem Männer können davon besessen sein. Denn wenn es um die Dauer geht, haben Männer diesen Druck auf ihren Schultern (oder in ihrem Becken): Sex muss lange, sehr lange dauern. Außerdem ist dies Gegenstand von Wettbewerben unter Männern, vor allem aber auch von Fabulierkunst. Dabei ist bereits der Satz »Ich habe die ganze Nacht über mit ihr Sex gehabt« offensichtlich gelogen. Oder etwa nicht? Wenn mit der Dauer Penetration gemeint ist, dann schon.

Sex beschränkt sich selbstverständlich nicht nur auf die Penetration, aber für viele Menschen ist das immer noch die Definition von Sex. Der Druck auf die Männer ist groß, denn obwohl es heißt, dass die Größe keine Rolle spielt, ist die Dauer des Geschlechtsverkehrs Gegenstand einer Art Kür.

In der kollektiven (zu kollektiven?) Vorstellung nimmt der Geschlechtsverkehr also seine ultimative Form an, wenn die Vagina oder der Anus von einem Penis penetriert werden. Um ein guter Liebhaber zu sein, der seine Partnerin oder seinen Partner zum Orgasmus bringt, muss das Ganze natürlich lange dauern. Die gängige Vorstellung vom Orgasmus ist, dass er für eine Frau schwer zu erreichen ist und dass die einzige Lösung in der Dauer liegt. Es klingt, als ginge es um die Olympischen Spiele – unter der Bettdecke.

Fünf Minuten, Radiowecker in der Hand

Forschende haben versucht, die Frage nach der durchschnittlichen Dauer zu beantworten. Vom Eindringen bis zur Ejakulation vergehen 5,4 Minuten. 5,4 Minuten sind kurz ... oder lang, je nachdem, wie es passiert. Dieses Ergebnis stammt aus einer wissenschaftlichen Studie, in der 500 Paare aller Altersgruppen aus der ganzen Welt befragt wurden.[98] Die Dauer reicht von 33 Sekunden bis zu 24 Minuten, wobei die sogenannte vorzeitige Ejakulation unter drei Minuten liegt. Sexualtherapeut:innen empfehlen, sich an einen Arzt zu wenden, wenn dies zu psychischen Problemen führt (siehe S. 286).

Junge Männer, die von Pornofilmen und Schulhofrekordgerüchten geprägt sind, können beruhigt sein: Es müssen nicht Dutzende Minuten sein.

Laut Untersuchungen von Sexualwissenschaftler:innen können Frauen sich nach 15 Minuten langweilen. Wenn die Penetrationsdauer für keinen der beiden Beteiligten zufriedenstellend ist, dann sollten Sie einander zuhören und (endlich) die erogenen Zonen der jeweils anderen Person entdecken (siehe S. 308), aber auch Sexualpraktiken ausprobieren, bei denen die Penetration nicht die Hauptdisziplin ist (siehe S. 288). Beim Sex geht es in erster Linie um Gemeinsamkeit, ums Zuhören und um Aufmerksamkeit. Der Leistungsgedanke sollte nicht zu diesen Kriterien gehören.

Alexandre Marsat

98

MÄNNER HABEN NUR WENIGE EROGENE ZONEN

Der Penis wird oft als das einzige Instrument männlicher Lust angesehen. Und das Symbol für den Orgasmus ist die Ejakulation. Doch die männliche Sexualität kann auf vielen erogenen Zonen beruhen. Genauso viele wie bei Frauen?

Ein echter, kräftiger, hart gesottener Mann kann keine erogenen Zonen haben, die ihn allein durchs Berühren zum Stöhnen bringen. Das ist ein dummes Vorurteil, dem (ausnahmsweise) Männer ausgesetzt sind. Wie wir in dem Kapitel »Guter Sex muss lange dauern« (S. 305) beschrieben haben, haben Männer den Leistungsgedanken und die Tatsache, dass es ihre Aufgabe ist, ihre Partnerin zum Orgasmus zu bringen, zu sehr verinnerlicht.

Ejakulation als Heiliger Gral

Der Mann gibt und die Frau empfängt ... Bei dieser seltsamen Vorstellung von Sex und Liebe wurden die männlichen erogenen Zonen kaum erforscht. Das männliche Vergnügen und der Orgasmus zeigen sich für viele allein in der Ejakulation. Die erogenen Zonen ermöglichen es aber gerade, auch außerhalb der reinen Stimulation der Genitalien Freude zu empfinden. So kann man nicht nur das Vorspiel verlängern, sondern auch neue Vorlieben entdecken und bestenfalls sogar den Orgasmus steigern.

Vom Perineum zum prostatischen Orgasmus

Die Wissenschaftler:innen, die sich mit diesem Thema befasst haben, haben die erogenen Zonen anhand von 793 befragten Personen (84 Prozent Heterosexuelle) eingestuft. In dieser Studie, die 2013 in der neurowissenschaftlichen Fachzeitschrift *Cortex*[99] veröffentlicht wurde, wurden zehn erogene Zonen nach den Bewertungen der Teilnehmenden klassifiziert.[100] Überraschung! Die Füße liegen mit einer Bewertung von 1,3/10 weit hinten. Von den Männern wurde das Perineum jedoch höher gewertet als bei den Frauen. Die Innenseite der Oberschenkel, die Brustwarzen und die Ohren wurden ebenfalls sehr gut bewertet.

Vor allem aber zeigt die Studie, dass die gängige Meinung, Frauen hätten viel mehr erogene Zonen als Männer, falsch ist. Es genügt, offen zu sein, den Körper der anderen Person zu erforschen und den eigenen Körper zu verstehen. Und das gilt unabhängig von Kultur, Alter oder Erfahrung.

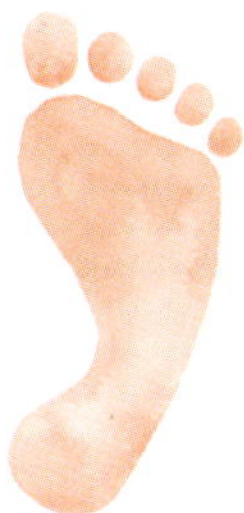

Da die überwiegende Mehrheit der Befragten heterosexuell war, ist die anale Lust nicht besonders hoch gewertet, was sicherlich darauf zurückzuführen ist, dass sie mit Homosexualität in Verbindung gebracht wird.

Dies könnte sich ändern, wenn die Medien die Praxis der männlichen analen Lust bei heterosexuellen Paaren hervorheben würden: den sogenannten prostatischen Orgasmus. Das Perineum kann die Prostata und ihren stark innervierten Bereich stimulieren.

Alexandre Marsat

99

SIMULIEREN BEDEUTET LÜGEN

Wer hat nicht schon einmal simuliert, um seinen Partner oder seine Partnerin glauben zu lassen, sie/er hätte Spaß? Eine Lüge, die auch viel Nützliches hat.

Es ist eine Frage, die in einer Partnerschaft immer offenbleibt: Hat mein Partner oder meine Partnerin Spaß gehabt? Natürlich deutet es manchmal darauf hin, aber es bleibt der Zweifel: Was, wenn sie oder er nur so getan hat, als ob? Man will wissen, ob der:die andere Spaß und sogar einen Orgasmus hatte. Und man will wissen: War ich gut? Hier kann das Simulieren eine nützliche Lüge sein. Denn was nützt es, wenn man an den Weihnachtsmann glaubt und dann beim Auspacken der Geschenke sagt, dass es ihn nicht gibt.

Es gibt gute Gründe für die Simulation: In erster Linie geht es darum, sich gegenseitig zu stimulieren (also anzuspornen), denn hinter der Simulation steht die Stimulation. Und das gilt in der Partnerschaft für beide Seiten. Es kann sogar das Gehirn des Simulanten verwirren und ihn oder sie auf den Pfad der Lust führen.

Wenn man zu viel simuliert, kann man den:die Partner:in natürlich in die Irre führen. Das lädt ihn oder sie dann nicht dazu ein, das Verhalten der anderen Person zu erkennen oder wirklich auf ihren Körper zu hören. Eine gute Methode, um den:die Partner:in zum Weitermachen zu ermutigen, ist es, die Simulation zu verstärken, wenn man eine Liebkosung oder eine bestimmte Technik genießt.

Bisher haben wir uns bemüht, von beiden Geschlechtern zu sprechen. Es gibt jedoch ein hartnäckiges Vorurteil, das vor allem die Frau betrifft: Sie muss stöhnen! Wenn sie nicht stöhnt, hat sie keinen Spaß gehabt oder gilt als »frigide«. Der Mann hingegen muss bei seiner körperlichen Leistung schweigend schwitzen. Der heisere Schrei des Mannes wird sogar als störend empfunden. Wie borniert! Sex ist eindeutig ein Spiegelbild der Spaltung der Gesellschaft.

63 Prozent der Frauen haben simuliert

Eine Ifop-Umfrage zum Thema »Französinnen und der Orgasmus« zeigt, dass »fast zwei Drittel (63 Prozent) sagen, dass sie im Laufe ihres Lebens bereits einen Orgasmus vorgetäuscht haben, und eine von zehn gibt zu, es ›oft‹ getan zu haben (neun Prozent)«.

Frauen simulieren fünfmal häufiger als Männer. Wobei »acht von zehn (79 Prozent) sexuell aktiven Französinnen zugeben, dass sie Schwierigkeiten hatten, zum Höhepunkt zu kommen«.

Eine Studie von Erin Cooper ergab, dass das Vortäuschen vier Ziele verfolgt. An erster Stelle stehen altruistische Gründe, »weil man sich um die Gefühle des Partners sorgt«. An zweiter Stelle stehen Angst und Unsicherheit, gefolgt von dem Wunsch, die negativen Gefühle zu vermeiden, die mit der sexuellen Erfahrung verbunden sind.

Aber, wie bereits erwähnt, kann es auch aus dem Grund passieren, dass man die eigene Erregung steigern will. Schließlich sollte man sich vor denjenigen in Acht nehmen, die glauben, dass sie ihre Partnerin oder ihren Partner »durch ein langes Hinausschieben« gut und lange befriedigen können. Das ist sozusagen vergebene Liebesmüh ...

Wir sollten uns immer wieder klarmachen, dass nicht jede und jeder während des Aktes schreit, bis die Nachbarn aufwachen, oder sich besonders stark verrenkt. Lust und Orgasmus können auch ohne Lärm und Übertreibung stattfinden. Aber zu übertreiben kann natürlich auch nützlich sein ...

Alexandre Marsat

100

EINE MORGENEREKTION ZEIGT EINE ERREGUNG AN

In den frühen Morgenstunden können Männer eine Erektion haben. Wollen sie etwa gleich nach dem Aufwachen Sex haben?

Dieser Automatismus beim Aufwachen könnte alle Männer als sexbesessen durchgehen lassen. Sobald sich die Augen öffnen und das Gehirn in Schwung gekommen ist, stellt sich die Erektion ein, gentlemanlike auch »morning glory« genannt, die die Partnerin und manchmal auch den Mann selbst überrascht. Denn nichts davon passiert kontrolliert. Sie werden sagen, dass man eine Erektion sowieso nicht kontrollieren kann und sie kein Schalter ist, mit dem man sich hoch- oder runterfahren kann. Tatsächlich ist die »morning glory« nicht die Manifestation einer aufkommenden sexuellen Erregung nach dem Aufwachen, sondern der Beweis für eine gute nächtliche Funktion. Achtung, die Sache zu erklären, ist weniger aufregend, als man denkt, und sehr technisch.

Penisschwellkörper und Harnröhrenschwellkörper

Der Normalzustand des Penis sollte im Grunde immer eine Erektion sein, da er aus stark durchbluteten Schwellkörpern besteht, die nur darauf warten, mit Blut gefüllt zu werden. Stellen Sie sich vor, Sie hätten Tag und Nacht eine Erektion ... Nun gut, das mag eine Fantasie sein und manch (älteren) Mann ansprechen, aber die physiologischen Unannehmlichkeiten sind dabei nicht zu übersehen.

Da die Natur es gut mit uns Männern meint, lassen die Gefäße des Körpers nicht immer zu, dass das Blut die Schwellkörper aufpumpt, bis es zur Erektion kommt. Das Gehirn sendet bei sexueller Erregung eine Nachricht, damit sich das Venennetzwerk entspannt und voll geöffnet wird. Wie beruhigend!

Sechs Erektionen pro Nacht

Da wir nachts völlig entspannt sind und das besagte Venennetzwerk dabei keine Ausnahme bildet, beginnt die Erektion beim Einschlafen und dauert bis zum Aufwachen. Ich spüre, dass die »Besessenen« nun wieder an diesen Zeilen interessiert sind. Können Sie sich vorstellen, die ganze Nacht über so angespannt zu sein? Na gut, dann eben nicht.

Andererseits vertreibt die Nacht nicht jede Erektion. Im Gegenteil, während des REM-Schlafs kommt es zu mehreren »nächtlichen Penisschwellungen«. Dafür soll das parasympathische Nervensystem verantwortlich sein, das in dieser besonderen Schlafphase am Werk ist.

In unserem Fall wirkt es sich auf Noradrenalin aus, ein Hormon, das die Erektion blockiert. Gleichzeitig steigt der Testosteronspiegel in den frühen Morgenstunden an. Die Erektion kann stattfinden.

Es gibt drei bis sechs REM-Phasen, in denen die reflexartige Erektion entsteht. Die sogenannte morgendliche Erektion ist dann die letzte der Nacht und die erste des Tages. In dieser Phase steigen die Herzfrequenz, die Temperatur, der Blutdruck, die Atemfrequenz und die Gehirnaktivität. Die Erektion dauert jeweils etwa 20 Minuten.

Wenn man zu diesem Zeitpunkt aus dem REM-Schlaf erwacht, kann man diese reflexartige Erektion beobachten. Das hat nichts mit Erregung zu tun – es ist ein mechanischer Vorgang! Der Anblick einer solchen Erektion kann den oder die Partner:in erregen, aber das ist eine andere Geschichte.

Alexandre Marsat

DANK

Curieux! bedankt sich herzlich bei dem Conseil régional de Nouvelle-Aquitaine, allen seinen gewählten Vertreter:innen, seiner Versammlung und seinen Teams für ihr Vertrauen und ihre Unterstützung.

Vielen Dank auch an die vier Zentren für Wissenschaftskultur in der Nouvelle-Aquitaine und an die *Curieux!*-Teams: Aurore Aufrère, Charlotte Nouziès, Audrey Richard, Alexandrine Civard-Racinais, Marianne Peyri, Florence Heimburger, Corinne Mérigaud, Sophie Nicaud, Alexandre Marsat, Jean-Luc Eluard, Kevin Bordel, Romain Dupouy, Thierry Pasquier und Julien Picard-Monnet.

Über *Curieux!*

Curieux! ist ein neues Medium, das im September 2018 von den vier Wissenschaftszentren der Region Nouvelle-Aquitaine (Cap Sciences Bordeaux, Espace Mendès France Poitiers, Lacq Odyssée Mourenx, Récréasciences Limoges) ins Leben gerufen wurde. *Curieux!* ist das Medium, das mithilfe von Artikeln, Comics, Infografiken, Reportagen, populärwissenschaftlichen Videos und Liveshows das Wahre vom Falschen trennt, mit vorgefassten Meinungen aufräumt und sich die Zukunft vorstellt. Die *Curieux!*-Gemeinschaft zählt heute mehr als 650 000 Abonnent:innen: 154 500 auf Instagram, 461 000 auf TikTok und 51 000 auf Facebook. Sie finden uns unter www.curieux.live!

BILDNACHWEIS

ANMERKUNGEN

1 Website in Zusammenarbeit mit der französischen Gesundheitsbehörte Santé publique France: www.alcool-info-service.fr/
2 Siehe: https://journals.sagepub.com/doi/10.1177/2047487319874530
3 Der französische Fußballkommentator und Moderator Pierre Ménès wäre beinahe daran gestorben (siehe: www.lepoint.fr/editosdu-point/anne-jeanblanc/pierre-menes-rescape-de-la-maladiedu-soda-29-03-2017-2115530_57.php).
4 www.tk.de/techniker/gesundheit-und-medizin/behandlungen-und-medizin/verdauungstrakt/was-versteht-man-unter-leber-verfettung-und-fettleber-2021832 (Anm. d. Übers.)
5 Zahlen für Deutschland siehe: www.destatis.de/DE/Presse/Pressemitteilungen/Zahl-der-Woche/2022/PD22_49_p002.html#:~:text=Rechnet%20man%20die%20Gesamtmenge%20auf,zweieinhalb%20Tafeln%20wöchentlich%20pro%20Kopf (Anm. d. Übers.)
6 www.doctissimo.fr/sante/dictionnaire-medical/proteines
7 Die Ergebnisse basieren auf einer Kohorte von 20 000 Personen, die online an der NutriNet-Santé-Umfrage teilgenommen haben.
8 Auf Anfrage des Observatoire de la santé, einer Website zum Thema Gesundheit, die über Maßnahmen im Bereich der öffentlichen Gesundheit berichtet.
9 10,3 Prozent der Personen (von Zöliakie Betroffene ausgenommen) gaben in der NutriNet-Santé-Befragung an, Gluten auszuschließen, 1,7 Prozent davon vollständig. *The British Journal of Nutrition*, Vol. 122, 28. Oktober 2019.
10 Umfrage CSA »Les Français et les bienfaits du pain«, durchgeführt durch l'Observatoire du pain, vom 23. bis 25. Oktober 2018.

11 Studie »Esteban 2015«, Santé publique France.
12 www.theconversation.com/la-diete-mediterraneenne-ameliore-la-sante-intestinale-et-permet-demieux-vieillir-132054
13 Coffield et al., »Learning styles and pedagogy in post-16 learning: A systematic and critical review«, Learning & Skills Research Centre, London, 2004.
14 Das Inserm (Institut national de la santé et de la recherche médicale) ist eine Forschungs- und Entwicklungseinrichtung unter der Verantwortung des französischen Gesundheitsministeriums und des Forschungsministeriums.
15 Das Arbeitsgedächtnis (Kurzzeitgedächtnis), das semantische Gedächtnis, das episodische Gedächtnis, das prozedurale Gedächtnis und das perzeptuelle Gedächtnis (siehe: www.inserm.fr/information-en-sante/dossiers-information/memoire).
16 Pathman T., Bauer P.J., »La mémoire et le développement précoce du cerveau«, in: Tremblay R.E., Boivin M, Peters RDeV, (Hrsg.), *Encyclopédie sur le développement des jeunes enfants* (siehe: www.enfant-encyclopedie.com/cerveau/selon-experts/la-memoire-et-le-developpement-precoce-du-cerveau).
17 Cyrulnik B., »Mémoire et biographie«, MAIF-Konferenz, 28. September 2013 (siehe: www.youtube.com/watch?v=cJNJuY9CJrl).
18 www.inserm.fr/information-en-sante/dossiers-information/memoire
19 Siehe seine Internetseite: www.sebastien-martinez.com
20 Farthouat J., Atas A., Wens V., De Tiège X. und Peigneux P. »Lack of frequency-tagged magnetic responsesuggests statistical regularities remain undetected during NREM sleep«, *Scientific Reports*, 2018.
21 https://lacademie.tv/conferences/apprendre-en-dormant
22 Makov et al., 2017.
23 Die Ergebnisse der Arbeit wurden am Donnerstag, den 27. Januar 2011, im Rahmen der 1836. Tagung der Anthropologischen Gesellschaft in Paris im Muséum national d'histoire natu-

relle (MNHN) veröffentlicht (siehe: www.sciencedirect.com/science/article/abs/pii/S004724841100159X?via%3Dihub).

24 Das Innere der Schädelhöhle und des Gehirns.

25 www.hominides.com/html/actualites/taille-cerveau-cro-magnon-homo-sapiens-0391.php

26 www.curieux.live/2019/11/28/le-blob-reve-ou-cauchemar/

27 Im Sinne von die »Fähigkeit, flexibel auf neue oder komplexe Situationen zu reagieren« (Emmanuelle Pouydebat, *L'Intelligence animale*, Odile Jacob, 2017, S. 16).

28 Audrey Dussutour forscht am Forschungszentrum für Tierkognition, dem Centre de Recherches sur la Cognition Animale an der Université de Toulouse III.

29 Groupe d'imagerie neurofonctionelle de Bordeaux (GIN), https://lejournal.cnrs.fr/articles/cerveau-se-partager-pour-mieux-penser

30 Die Studie »Les Français et les mathématiques« (Die Französ:innen und die Mathematik) wurde 2017 vom Meinungsforschungsinstitut CSA durchgeführt.

31 Das archimedische Prinzip besagt, dass auf Körper, die sich in Fluiden (Flüssigkeiten und Gase) befinden, eine nach oben gerichtete Auftriebskraft wirkt, weil das verdrängte Volumen entgegen der Schwerkraft den Körper nach oben drückt.

32 https://journals.plos.org/plosone/article?id=10.1371/journal.pone.0037300

33 Studie der Fondation Nicolas-Hulot pour la Nature et l'Homme und der European Climate Foundation, Mai 2016 bis November 2017.

34 »On n'est pas que des cobayes«, eine Folge von 2013, die auf France 5 ausgestrahlt wurde.

35 Dank an Jacques-Marie Bardintzeff, Vulkanologe und Professor an der Université Paris-Saclay, Autor des Buches *Volcanologue* (2017) und des Blogs Volcanmania (siehe: https://blogs.futura-sciences.com/bardintzeff/).

36 Der Strahlensatz: Ausgehend von einem Dreieck definiert eine zu einer Seite parallele Gerade mit den Geraden der beiden anderen Seiten ein neues Dreieck, das zum ersten homothe-

tisch ist (das heißt, die Längen der drei Seiten sind proportional zu den Längen der drei Seiten des anderen Dreiecks).

37 Satz des Pythagoras: In einem rechtwinkligen Dreieck ist das Längenquadrat der Hypotenuse gleich der Summe der Längenquadrate der beiden anderen Seiten.

38 *Tackling Climate Change Through Livestock*, FAO, 2013.

39 Mesfin M. Mekonnen und Arjen Y. Hoekstra, »A Global Assessment of the Water Footprint of Farm AnimalsProducts«, Ecosystems, 2012.

40 https://doi.org/10.1016/j.gloenvcha.2019.05.010

41 Diese kontraintuitive Idee wurde von dem simbabwischen Biologen Allan Savory, der sich auf die Bekämpfung der Wüstenbildung spezialisiert hat, entwickelt und theoretisch begründet (siehe: www.ted.com/talks/allan_savory_how_to_fight_desertification_and_reverse_climate_change).

42 Sonderbericht des IPCC (Intergovernmental Panel on Climate Change) über die Folgen einer globalen Erwärmung um 1,5 Grad (2018).

43 Laut einem Bericht des schwedischen interdisziplinären Forschungsinstituts Mistra Future Fashion vom März 2019 ist Baumwolle die Textilfaser mit dem höchsten Wasserverbrauch.

44 »Pesticides, Agriculture et Environment« (2005) und »Agriculture et Biodiversité« (2010).

45 Seit dem 1. September 2018 von der Europäischen Kommission verboten, von Frankreich jedoch bis 2023 per Ausnahmeregelung bei »Gefährdung der Zuckerrüben« zugelassen.

46 https://link.springer.com/article/10.1007%2Fs11356-016-8272-y

47 CNRS-INRAE, Cebc-Agripop, UMR Ecosys, UMR Chrono-Environnement und Institut des sciences analytiques.

48 Pelosi C. et al., »Residues of currently used pesticides in soils and earthworms: A silent threat?«, *Agriculture, Ecosystems & Environment*, Vol. 305, 2021.

49 François-Marie Bréon, *Réchauffement climatique*, HumenSciences 2020. (Das Buch ist nicht auf Deutsch erschienen, Anm. d. Übers.)

50 Anpflanzung von Bäumen mit dem Ziel, eine vom Menschen entwaldete Fläche wieder aufzuforsten.

51 Anpflanzung von Bäumen durch den Menschen mit dem Ziel, eine Fläche aufzuforsten, die lange Zeit unbewaldet war oder nie als Waldfläche diente.

52 Der 1988 gegründete Weltklimarat (Intergovernmental Panel on Climate Change, IPCC) umfasst derzeit 195 Länder.

53 Feinstaub (oder PM, Particulate Matter) ist ein Partikel mit einem Durchmesser von weniger als 2,5 Mikrometern.

54 »Impacts sanitaires de la pollution de l'air en France: nouvelles données et perspectives«, Santé publique France, 2016.

55 Stickstoffoxide (NO_x) sind im Wesentlichen zwei Moleküle: Stickstoffmonoxid (NO) und Stickstoffdioxid (NO_2).

56 Die Studie »L'Air en campagne« wurde von Atmo Hauts-de-France (2018) durchgeführt.

57 https://hal-insu.archives-ouvertes.fr/GR/insu-016526162

58 Ineris steht für Institut national de l'environnement industriel et des risques, eine nationale Behörde für Umwelt- und Industrierisiken.

59 An der französischen Küste, aber auch an der iberischen Küste, den keltischen Meeren, der Ostsee, dem Nordatlantik und anderen Meeresküsten.

60 Water Footprint Calculator (siehe: https://waterfootprint.org/en/about-us/news/news/grace-launches-new-water-footprint-calculator/)

61 *Avocado Production: Water Footprint and Socioeconomic Implications*, 2020. (Siehe: https://doi.org/10.1111/1746-692X.12289)

62 Der Wasserfußabdruck ist neben dem CO_2- und dem ökologischen Fußabdruck ein weiterer Umweltindikator. Er ermöglicht es, die Auswirkungen des Menschen auf die Wasserressourcen durch ihre verschiedenen Nutzungsarten zu erfassen.

63 Siehe die Arbeiten der amerikanischen Bioakustikerin Elisabeth von Muggenthaler und ihres Teams in den 2000er-Jahren.

64 Office pour les insectes et leur environnement (Amt für Insekten und Umwelt).

65 »Bilan hivernal de la population de loup, hiver 2019-2020«, *Loup flash info*, Nr. 12, Juli 2020.

66 IUCN, 2017.

67 Hélène Peltier forscht am Observatoire Pélagis, das das französische Netzwerk im Bereich der Strandung von Meeressäugern (Réseau national d'échouage) koordiniert.

68 Peltier H., Authier M., Caurant F., Dabin W., Dars C., Demaret F., Meheust E., Ridoux V., Van Canneyt O., Spitz J., »État des connaissances sur les captures accidentelles de dauphins communs dans le golfe de Gascogne. Synthèse 2019«, Rapport scientifique dans le cadre de la convention avec le MTES, Observatoire PELAGIS, UMS 3462, La Rochelle Université/CNRS, 23 Seiten.

69 Françoise Serre-Collet, *50 idées fausses sur les serpents*, Quae 2019. (Das Buch ist nicht auf Deutsch erschienen, Anm. d. Übers.)

70 Emmanuelle Pouydebat, *L'Intelligence animale. Cervelle d'oiseaux et mémoire d'éléphants*, Odile Jacob 2017.

71 Gee P., Stephenson D., Wright DE, »Temporal discrimination learning of operant feeding in goldfish (Carassiusauratus)«. J Exp Anal Behav, 1994 Jul;62(1):1-13. doi: 10.1901/jeab.1994.62-1. PMID: 16812735; PMCID:PMC1334363.

72 Marie-Laurence Ferret, *Bases anatomiques et physiologiques du comportement et de la sélection du taureau de combat*, Thèse pour le doctorat vétérinaire soutenu publicment devant la faculté de médecine de Créteil en 2005.

73 www.ardalpha.de/wissen/natur/tiere/artenschutz/fledermaus-fledermaeuse-deutschland-rote-liste-artenschutz-100.html (Anm. d. Übers.)

74 François Prud'homme, *Les chauves-souris ont-elles peur de la lumière*, Quæ 2013. (Das Buch ist nicht auf Deutsch erschienen, Anm. d. Übers.)

75 Die Kieferklauen oder Cheliceren bestehen aus einem beweglichen Stiel, an dessen Ende sich ein Haken befindet. Jede Spinne besitzt ein Paar davon, das sich an der Vorderseite ihres Körpers befindet.

76 Der Brite Roger Penrose wurde für seine theoretischen Arbeiten über Schwarze Löcher ausgezeichnet. Der Deutsche Reinhard Genzel und die Amerikanerin Andrea Ghez wurden für ihre Entdeckung des supermassereichen Schwarzen Lochs im Zentrum der Milchstraße geehrt.
Drei Astrophysiker veröffentlichten das erste Bild eines Schwarzen Lochs, des supermassereichen Schwarzen Lochs im Zentrum der Galaxie M87, mithilfe des Teleskops *Event Horizon*, das die Aufnahme im Jahr 2019 machte.

77 Oszillation der Raumzeitkrümmung, die sich in großer Entfernung von ihrem Entstehungspunkt ausbreitet.

78 Die Stringtheorie und die Theorie der Schleifenquantengravitation besagen, dass der Urknall nicht der Anfang von allem war.

79 Di Valentino E., Melchiorri A. und Silk J., »Planck evidence for a closed Universe and a possible crisis forcosmology«, Nature Astronomy, Nr. 4, 2020, S. 196-203 (siehe: www.nature.com/articles/s41550-019-0906-9).

80 Information aktualisiert durch d. Übers.

81 Davon waren laut der Union of Concerned Scientists am 1. April 2019 nur 2063 Satelliten in Betrieb.

82 www.nasa.gov/pdf/585584main_UARS_Status.pdf

83 »Équipement des ménages, 1996-2016«, Erhebungen EPCV und SRCV, Insee Résultats, Oktober 2017.

84 Anteil der privaten Haushalte in Deutschland mit einem Mikrowellengerät von 2000 bis 2021 (siehe: https://de.statista.com/statistik/daten/studie/516843/umfrage/private-haushaltein-deutschland-mit-mikrowellengeraet/#:~:text=Rund%2073%2C8%20Prozent%20der,im%20Jahr%202021%20ein%20Mikrowellengerät) (Anm. d. Übers.).

85 Chemische Reaktionen, die bei fast allen Lebensmitteln auftreten und das Ergebnis der Kondensation zwischen Aminosäuren/Proteinen und reduzierenden Zuckern (Glukose, Fruktose, Laktose) beim Kochen oder bei Raumtemperatur sind. Diese organischen Reaktionen sind für die Entstehung von Gerüchen, Aromen und Bräunung verantwortlich und können auch zu krebserregenden Verbindungen führen.

86 Das südlich von Niort gelegene Versuchsfeld erstreckt sich über 450 km² rund um die CNRS-Einheit in Chizé, die es seit 1994 erforscht. Es umfasst etwa 450 landwirtschaftliche Betriebe und 13 000 landwirtschaftliche Parzellen, die konventionell oder biologisch bewirtschaftet werden (siehe: www.za.plainevalsevre.cnrs.fr/).

87 Der Schlaf besteht aus dem REM-Schlaf (Traumschlaf), dem Übergang vom Wachzustand zum Schlaf (Einschlafen, Stadium 1), dem langsamen Schlaf (Leichtschlaf, Stadium 2) und dem tiefen langsamen Schlaf (Tiefschlaf, Stadium 3). Im Laufe der Nacht nimmt der tiefe langsame Schlaf ab und wird durch den leichten langsamen Schlaf ersetzt.

88 Institut national du sommeil et de la vigilance (INVS), https://institut-sommeil-vigilance.org/

89 www.inserm.fr/information-en-sante/dossiers-information/sommeil

90 ECHA-Evaluation, Oktober 2017.

91 Siehe: www.bmuv.de/faqs/mikroplastik-in-pflegeprodukten-und-kosmetika#:~:text=In%20der%20EU%20wird%20ein,hat%20dies%20schon%20länger%20gefordert, Stand: 24. Februar 2023 (Anm. d. Übers.).

92 Ebd., Information aktualisiert durch d. Übers.

93 https://theconversation.com/les-oeufs-bons-ou-mauvais-pour-la-sante-114250

94 https://theconversation.com/alimentation-protegez-votre-sante-et-la-planete-grace-a-la-regle-des-3v-117033

95 Die meisten Männer, die an Brustkrebs erkranken, entwickeln ein invasives duktales Karzinom (siehe: www.e-cancer.fr/Patients-et-proches/Les-cancers/Cancer-du-sein/Les-maladies-du-sein/Cancers-du-sein).

96 Ebd.

97 So lautete der Appell französischer Gynäkolog:innen und Geburtshelfer:innen (Collège national des gynécologues et obstétriciens français) an die Regierung. Sie zitierten dabei die Ergebnisse einer Untersuchung zur Suchtprävention (für den Fonds Actions Addictions).

98 »A multinational population survey of intravaginal ejaculation latency time" (siehe: https://pubmed.ncbi.nlm.nih.gov/16422843/).

99 »Reports of intimate touch: Erogenous zones and somatosensory cortical organization«, in *Cortex*, Vol. 53, 2014.

100 Frauen: Klitoris (9,1), Vagina (8,4), Mund und Lippen (7,9), oberer Nacken (7,5), Brust und Brustwarzen (7,3), Innenseite der Oberschenkel (6,7), Nacken (6,2), Ohren (5) und unterer Rücken (4,7). Männer: Penis (9), Mund und Lippen (7), Hoden (6,5), Innenseite der Oberschenkel (5,8), oberer Nacken (5,6), Brustwarzen (4,9), Perineum und Schambereich (4,8), Nacken (4,5) und Ohren (4,3).